AF586540

MONOGRAPHIE VITICOLE

DU

COTEAU DE L'ERMITAGE

ET DES VIGNOBLES QUI L'AVOISINENT :

CROZE, MERCUROL, LARNAGE, GERVANS, SERVES,

ETC., ETC.

Par **M. REY**, licencié en droit,
Viticulteur et propriétaire à Tain.

(Extrait du SUD-EST, journal agricole et horticole.)

PRIX : 1 FR. 50,
Franco par la poste.

GRENOBLE,
IMPRIMERIE DE PRUDHOMME, RUE LAFAYETTE, 14.

1861.

LIVRES DE PROPRIÉTÉ

PUBLIÉS

Par PRUDHOMME, imprimeur-éditeur, à Grenoble.

Tous les ouvrages sont rendus à domicile franco par la poste au prix indiqué. — Joindre à la demande des timbres-poste ou un bon de poste pour le montant de la commande.

AGRICULTURE.

Le SUD-EST, *journal agricole et horticole*, paraissant mensuellement à Grenoble par Nos de 48 pag. in-8°, contenant la matière d'au moins 124 pages ordinaires, plus de 130,000 lettres par N°, avec planches; prix, pour l'année, rendu franco à domicile..... 5 fr.

Petite BIBLIOTHÈQUE économique et rurale, à 25 cent. le vol. de 36 pag. in-18, grand-raisin.

PREMIÈRE SÉRIE.

N° 1. **INSTRUCTION SUR L'ÉDUCATION DES POULES, DES POULETS, DES CHAPONS ET DES POULARDES**, et les moyens de la rendre lucrative par la production abondante des œufs et l'engraissement de ces volailles. — 1 volume.......................... 25 cent.

N° 2. **ÉDUCATION DES VERS A SOIE**, 1re partie, comprenant l'éclosion des œufs, l'éducation détaillée des vers à soie, la formation et la récolte des cocons, et enfin la production et la conservation de la graine. — 1 volume.......................... 25 cent.

N° 3. **ÉDUCATION DES VERS A SOIE.** Tableau synoptique de toutes les opérations, jour par jour, de l'éducation des vers à soie, contenant en outre : 1° Des conseils pour réussir dans cette éducation, et le moyen de tirer un parti très-avantageux des vers rebutés ; — 2° Une table analytique de toutes les matières renfermées dans le livre N° 2. — 1 feuille in-plano pour être collée sur carton...... 25 c.

N° 4. **ÉDUCATION DES VERS A SOIE**, 2e partie, contenant : — Une nouvelle méthode d'éducation abrégée de 8 à 10 jours, nommée méthode Freschi, imitée de la méthode usuelle de la Grèce, qui s'effectue en 24 jours ; — Une explication de l'éducation successive ; — Des observations sur les claies coconnières Davril; la description de nouveaux procédés de ventilation, appelée *ventilation renversée*, suivant le système de MM. Aribert et Bouvier ; — De l'effet de diverses odeurs sur les vers à soie ; — Observations nouvelles sur la muscardine ; — De la coloration naturelle de la soie ; — De la confection des mort-à-pêche ou racines de Florence, avec des vers rebutés ; — Des races les plus productives. — 1 vol.......................... 25 c.

N° 5. **INSTRUCTION SUR LA CULTURE DU MURIER.** Des diverses espèces de mûrier. — Du sol et du choix du sujet. — Du semis. — De la marcotte et de sa bouture. — Des pépinières. — Des plantations. — De la greffe. — Culture des jeunes mûriers. — Mûriers nains. — Mûriers en haies. — Culture des mûriers adultes. — Récolte des feuilles. — Taille des mûriers. — Maladies des mûriers. — Du mûrier Lou. — 1 vol.......................... 25 c.

N° 6. **CULTURE ET CONSERVATION DES POMMES DE TERRE.** Instruction indiquant : 1° Les recherches faites sur les causes de leur maladie, et sur les moyens de la combattre ; 2° les meilleurs procédés propres à prévenir l'invasion du mal et à en arrêter les progrès. — 1 vol.......................... 25 c.

N° 7. **MALADIE DE LA VIGNE.** Instruction résumant les documents publiés jusqu'à ce jour sur l'invasion et le progrès de la maladie de la vigne, ses caractères, ses causes, et sur les divers moyens employés pour la combattre. — 1 vol.......................... 25 c.

N° 9. **DES ENGRAIS AZOTÉS**, par M. de Gasparin, extrait par M. Gueymard, ingénieur en chef des mines. — Cet extrait contient un tableau comparatif de la puissance de 119 engrais. — 1 vol.......................... 25 c.

N° 10. **DES QUALITÉS ET DE L'USAGE DES BOIS SOUS LE RAPPORT ÉCONOMIQUE ET INDUSTRIEL**, contenant, entre autres, les qualités et les défauts des bois ; leur croissance annuelle en hauteur et en circonférence; leur pesanteur spécifique; leur force et leur résistance ; leur corruptibilité ; leurs défauts et leurs vices; leur usage, etc. — 1 vol.... 25 c.

N° 11. **DE LA CULTURE ET DE L'AMÉNAGEMENT DES BOIS.** Effets désastreux du déboisement. — Importance de la conservation et du renouvellement des bois. — Du semis. — Plantation des bois. — Culture des bois pendant leur croissance. — Choix des arbres propres aux divers terrains suivant le climat, la nature et les diverses qualités du sol. — Aménagement des bois, bois taillis, bois de haute futaie. — Exploitation des bois. — Jardinage. — 1 vol.......................... 25 c.

N° 12. **DU DRAINAGE.** Considérations générales sur la nécessité d'assainir les terres — Procédés actuels. — Du drainage. — Des tuyaux de drainage et de leur fabrication. — Des séchoirs. — Des fours. — Prix de revient. — Des terrains qu'il convient de drainer. — Dispositions à prendre. — Prix de revient du drainage. — Effet. — Encouragement. — Dispositions prises dans le département de l'Isère ; par M. Félix Réal, ancien conseiller d'État. — 1 vol.......................... 25 c.

DEUXIÈME SÉRIE.

COURS ÉLÉMENTAIRE D'HORTICULTURE THÉORIQUE ET PRATIQUE. Ce cours formera 6 numéros, savoir : *Éléments de botanique ; — Études des agents qui concourent au développement des végétaux, et multiplication des arbres et arbustes ; — Culture du Jardin fruitier ; — Culture du Jardin fleuriste ou d'agrément. — Culture du Jardin maraîcher.*

Nos 13 et 14. **ÉLÉMENTS DE BOTANIQUE**, contenant : l'Anatomie, la Glossologie et la Physiologie végétales ; la Taxonomie botanique et la classification des végétaux : suivis d'un Tableau de classification des végétaux appliquée aux plantes les plus généralement cultivées, avec l'indication des ordres selon la méthode de M. de Candolle. — Les 2 numéros, prix.......................... 50 c.

MONOGRAPHIE VITICOLE

DU

COTEAU DE L'ERMITAGE

ET DES VIGNOBLES QUI L'AVOISINENT :

Croze, Mercurol, Larnage, Gervans, Serves, etc.

MONOGRAPHIE VITICOLE

DU

COTEAU DE L'ERMITAGE

ET DES VIGNOBLES QUI L'AVOISINENT :

Croze, Mercurol, Larnage, Gervans, Serves, etc.

PAR M. REY,

Licencié en droit,

VITICULTEUR ET PROPRIÉTAIRE A TAIN.

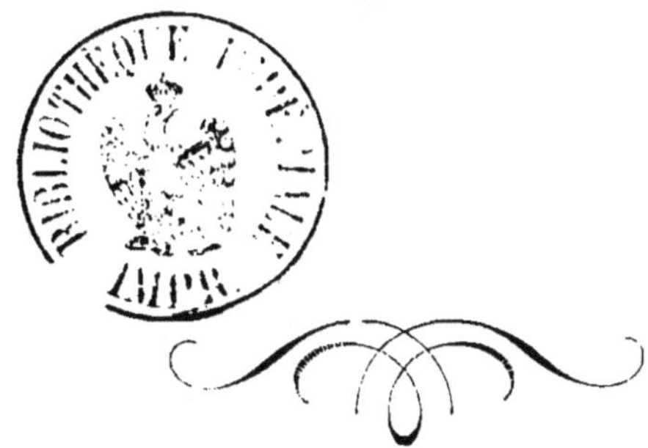

GRENOBLE,
PRUDHOMME, IMPRIMEUR-ÉDITEUR,
Rue Lafayette, 14.

1861.

MONOGRAPHIE VITICOLE

DU

COTEAU DE L'ERMITAGE

ET DES VIGNOBLES QUI L'AVOISINENT :

CROZE, MERCUROL, LARNAGE, GERVANS, SERVES, etc. (¹).

> Le travail indispensable à la rédaction d'une Monographie des vins de France ne peut être l'œuvre d'un seul ; cependant, aujourd'hui plus que jamais, on arriverait à le compléter, parce que les connaissances chimiques étant assez répandues, on trouverait des hommes capables de s'y livrer, même parmi les propriétaires de vignes......
>
> Les personnes qui prendront part à cette œuvre feront acte de patriotisme, puisqu'elles travailleront dans l'intérêt de la France, dont les vins sont la principale richesse.
>
> BATILLIAT, pag. 229, 230.

I. — Préambule.

S'IL est au monde une contrée que la nature ait comblée de ses faveurs pour la culture de la vigne, assurément c'est notre beau pays de France. A lui, sans contredit, le sceptre des grands vins.

Sa situation topographique, les éléments physiologiques du sol, une répartition admirablement proportionnée dans la division du froid et de la chaleur, tout concourt à faire de notre patrie une terre privilégiée au point de vue qui nous occupe.

On sait, en effet, que, sous l'équateur, l'incessante végétation du sarment, la succession non interrompue des feuilles et des fruits, ne conduisent à aucun résultat, par suite de l'inégalité de fructification. Au delà du 50ᵉ degré de latitude, cette culture se trouve dans des conditions mauvaises pour ne pas dire impossibles ; les meilleures pour elle se rencontrent entre le 50ᵉ et le 35ᵉ degré de latitude. Et c'est pour cela que la France, placée sous cette zone, produit près de 40 millions d'hectolitres de vins et 1,088,802 hectolitres d'eau-de-vie, sur une superficie de près de 2 millions d'hectares.

Malgré cette immense production, qui représente en moyenne une valeur annuelle de 478,088,302 fr., une foule de terrains propres à cette culture sont entièrement perdus pour elle, beaucoup d'autres donnent des produits sans

---

(¹) M. Ch. Lory, professeur de géologie à la faculté des sciences de Grenoble, a bien voulu revoir la partie géologique de cette notice.

nom qui, par l'application des bonnes méthodes, acquerraient une perfection dont ils sont certainement susceptibles.

De nombreux ouvrages ont enrichi la viticulture, mais en agriculture l'homme pratique est ordinairement peu familier avec le langage scientifique; aussi trouvera-t-on bien rarement entre ses mains ces estimables ampélographies qui exigeraient, pour être parfaitement comprises, des études préliminaires.

La presse périodique a, dans ces derniers temps, favorablement accueilli divers écrits sur certaines régions viticoles. A notre avis, c'est par de semblables productions, en forme de monographies émanées d'hommes pratiques, peu soucieux de la technologie mais dominés par le fait, qu'on pourra porter à la connaissance de tous les différents moyens de perfectionnement qu'il serait désirable de voir employer partout où il y a de la vigne à cultiver.

A ce point de vue, envisagé sans prétention aucune, il nous a semblé que la description de l'un des principaux vignobles de France, l'exposé complet de sa culture, de ses plants, des procédés de vinification et des moyens de conservation du vin en usage parmi les propriétaires, ne seraient point sans intérêt. Il nous a semblé que ce travail, fait sur les lieux mêmes et portant dès lors un certain cachet de vérité, d'exactitude, dont si souvent sont dépourvues les publications de ce genre, ne serait pas complétement sans valeur, n'eût-il d'autre mérite que de fournir les moyens de rendre certaines pratiques familières aux viticulteurs qui les ignorent, et de vulgariser des règles générales qu'à tort ils ne croient pas devoir appliquer à des vins communs.

C'est ce que pensait M. Puvis [1], et il exprimait la même idée en ces termes: « Il nous a paru utile de rassembler nos souvenirs pour les fixer dans une notice qui fasse connaître les principales circonstances de pratique qui concourent à assurer la qualité de ce vin célèbre. Sans doute nous n'y puiserons pas les moyens de faire ailleurs du vin de l'Hermitage; mais dans un vignoble où l'on est parvenu à produire un vin si parfait, il est plus d'un procédé qu'on peut imiter ailleurs avec grand avantage. »

Cette monographie, tout en répondant pour ma part au conseil que Batilliat adresse aux viticulteurs de faire celle de leur localité, sera une réponse plus explicite aux nombreuses questions qui nous sont si souvent adressées, soit par des propriétaires qui désirent améliorer leur vin, soit par des consommateurs qui ignorent les soins qu'il exige et qui n'ont pas le loisir de les étudier dans des ouvrages peut-être trop étendus qui les effrayent à l'avance.

Il importe aussi que l'on sache que les Ermitages, qui ont si longtemps coupé les Bordeaux, ont à peu près perdu cet emploi, soit que d'autres coupages aient paru plus avantageux, soit que les goûts se soient modifiés, ainsi qu'on semble le dire.

Ces coupages ont fait le plus grand tort aux Ermitages. Dans les bonnes années, ils absorbaient les premiers crûs; souvent même les seconds et les troisièmes n'ont pas suffi. Ce rôle d'auxiliaires qui a été si longtemps dévolu à ces vins, en privant le commerce local des meilleures marques, vendues à de bons prix à

---

[1] M. A. Puvis. — *Visite au vignoble de l'Hermitage en 1846.* — Extrait du *Journal d'agriculture de Bourg.* M. Puvis était membre de la commission nommée par le congrès viticole de 1846, pour étudier les vins et les vignobles de l'Ermitage et en rendre compte au congrès.

Bordeaux, et en ne laissant trop souvent à la localité que les crûs inférieurs, a dû forcément nuire à leur réputation. Malgré cette circonstance, et les préjugés qui ont pris naissance dans des intérêts opposés, leur réputation s'est maintenue intacte chez un très-grand nombre de vrais appréciateurs, souvent même à l'aide de l'un des crûs inférieurs, ce qui n'est pas pour ceux-ci le moindre de leurs titres; elle survit encore au discrédit dans lequel, sans un réel mérite, l'Ermitage devait tomber par le peu de loyauté qu'on a mis trop souvent à expédier sous son couvert les plus ignobles mélanges.

Aujourd'hui la situation a changé. Bordeaux n'ermitage plus ou presque plus. Il est bon que le consommateur le sache et qu'il se rende compte des quantités qui peuvent être livrées désormais.

Une erreur, parmi tant d'autres, paraît s'être accréditée au loin sur la possession des vignes de l'Ermitage.

On a dit, et on m'affirme même qu'il a été écrit dans un journal d'Outre-Manche, que l'Ermitage était la propriété d'une maison anglaise, ce qui pourrait faire croire que le vin que produit ce coteau se consomme entièrement en Angleterre, et que celui que livre le commerce français n'a de vrai que le nom.

Les propriétaires du coteau de l'Ermitage sont nombreux et tous sont Français. Ce vignoble est tellement divisé, qu'on peut y voir plusieurs vignes d'une contenance inférieure à cinq ares; l'une d'entre elles n'a même que 4 rangs de souches sur une longueur d'environ 120 mètres, ce qui s'explique en partie par la valeur des terrains.

Nous sommes loin de prétendre que tout est parfait dans les pratiques que nous allons exposer, qui toutes ne sont pas des règles générales. Le mieux relatif suffit cependant, à notre avis, pour motiver l'utilité de leur publication, pour ceux qui font moins bien que nous. Cette connaissance, d'ailleurs, en dissipant quelques erreurs, quelques préjugés peut-être, n'appelle-t-elle pas la discussion et la comparaison avec d'autres procédés, et par ce moyen le progrès dont a tant besoin l'agriculture en France?

II. — Historique du coteau de l'Ermitage.

Il importe peu de savoir quels noms a portés l'Ermitage aux époques les plus reculées.

Après l'introduction du Christianisme dans les Gaules, une multitude de temples païens furent convertis en églises et consacrés au vrai Dieu. L'histoire ecclésiastique en cite une foule d'exemples. La chapelle de Saint-Christophe, bâtie sur le point culminant de l'Ermitage, a dû être de ce nombre, et c'est depuis lors, sans doute, que le coteau a pris le nom du saint à qui la chapelle avait été dédiée.

En 1100, une bulle de Pascal II reconnaît la possession de cette église au chapitre de Saint-André-le-Bas de Vienne, possession confirmée par une seconde bulle de Calixte II, en 1120, le 17 des calendes de mars.

En 1224, Henri-Gaspard de Stérimberg revenait de la croisade des Albigeois. La cruauté des vainqueurs fanatiques, autant peut-être que sa blessure, lui avait inspiré un certain dégoût de la vie. Arrivé au pied du coteau de Saint-Christophe, dont la chapelle dominait la route, il gravit la montagne, va prier dans la chapelle, et y fait vœu de consacrer à la vie contemplative le reste de ses jours. Remis de sa blessure, il se rend à la cour de Louis VIII et de Blanche de Castille, leur fait part de ses intentions, de la promesse qu'il a faite à Dieu, et réclame leur haute protection. La reine écrit à MM. de Saint-André-le-Bas de recevoir « noble Henri-Gaspard de Stérimberg, chevalier de sa cour, et de lui assigner un endroit de leur juridiction, tel que le coteau de Saint-Christophe, pour qu'il pût y bâtir un ermitage et y servir Dieu le reste de ses jours. » Ces lettres royales sont datées du 12 mai 1225.

Le chevalier édifia une petite manse près de la chapelle de Saint-Christophe, et ses successeurs purent, comme lui, vivre à leur gré de la vie contemplative, défricher (1) et planter de la vigne moyennant une rente annuelle payée aux moines de Saint-André-le-Bas. Les ermites se sont longtemps succédé dans cette manse, qui est ensuite restée déserte quelques années avant la révolution de 89. Tous les ans, les habitants de Tain, le clergé en tête, gravissaient en procession le sentier qui conduit à l'Ermitage, assistaient à une messe dans la chapelle de Saint-Christophe, et prenaient ensuite leur traditionnel repas sur les blocs de granit qui dominent le cours majestueux du Rhône, et permettent à la vue, non-seulement de se reposer agréablement sur les rives fertiles de l'Isère, mais parfois de découvrir en même temps, au delà du champ de bataille où Fabius massacra plus de 120,000 Gaulois (2), la blanche tête des Alpes et les cimes lointaines des Cévennes.

Les voyageurs et les touristes de tous les pays, qui s'arrêtaient à Tain, passage forcé de Paris à Marseille, faisaient naturellement leur ascension à l'Ermitage de Saint-Christophe, unique curiosité de la contrée. Le pieux ermite n'avait guère à leur offrir que le vin qu'il récoltait dans le voisinage, mais ce vin était fin, généreux et parfumé, et il attirait les visiteurs moins désireux souvent de saluer l'ermite que de goûter son vin. Ainsi s'établit la réputation du vin de l'ermite qui, comme le coteau, prit le nom d'Ermitage lorsque les défrichements entrepris sur une plus grande échelle donnèrent des produits suffisants pour en alimenter un commerce.

---

(1) L'acte de concession du chevalier de Stérimberg fait aussi mention de la cession d'une vigne attenant à la chapelle. En 1224 on avait donc commencé à défricher. Est-il donc bien improbable que les Romains, qui savaient si bien tirer parti de tout, n'aient pas eux-mêmes commencé à abattre la forêt de chênes qui entourait l'ancienne Tegna de la Table Théodosienne pour y complanter les cépages de Syracuse (Syra ou Syrac), ou ceux de Schiraz, capitale du Farsistan (Perse), célèbre par ses vins, dès longtemps cultivés au Cap?

Il y a quelques années, la pioche des vignerons heurta les voûtes d'un antique caveau qui renfermait 40 amphores dont 39 plus ou moins endommagées. Croyant que celle qui était intacte renfermait un trésor, les vignerons en brisèrent le couvercle en ciment au moment où arrivait le propriétaire. Ce dernier en tira une grande quantité de lies sèches qui furent soumises à l'analyse chimique. Il serait un peu aventureux de décider si ces lies provenaient du vin du lieu ou d'un cécube quelconque, mais il n'est pas besoin de cette preuve pour savoir d'une manière très-positive que les Romains cultivaient la vigne dans les Gaules ; Pline et Columelle l'attestent, et Martial s'exprime ainsi :

Hæc de vitifera venisse picata Vienna.
Ne dubites, misit Romulus ipse mihi.

(2) En 631, Bitnitus, roi des Arverniens, fut défait à la tête de 200,000 Arverniens et Allobroges, par Q. Fabius, petit-fils de Paul-Emile, vainqueur de Persée : — *Ad Isaram* (Pline) ;—*Juxta Rhodanum fluvium* (Eutrope); —*Varus victoriæ testis, Isaraque et Vindelicus amnis et impiger fluminum Rhodanus* (Florus) ;— au confluent du Rhône et de l'Isère, d'après Strabon.

Nous ne saurions préciser l'époque à laquelle durent commencer les exportations. Le seul document précis à notre connaissance, qui en fasse mention, est une charte, passée en 1309, entre Guy (Guido), seigneur de Tournon et de Tain, et la communauté de cette dernière ville, confirmée par le consentement du dauphin Jean, comte de Viennois. Cet acte, beaucoup plus étendu que celui qui contient les libertés municipales de Grenoble, accorde des immunités sérieuses aux habitants de Tain *contre les enlèvements de leurs biens et la capture de leurs personnes* qui jusque-là avaient été peu respectés, et prescrit, relativement aux charrois des vins de Tain, des mesures de surveillance dont l'exercice est confié aux recteurs de la confrérie du Saint-Esprit. Il y est défendu de vendre ce vin autrement que dans les tonneaux portant la marque du Seigneur.

De la chapelle et de la manse du chevalier, que reste-t-il de nos jours? Quelques débris couverts de ronces sous lesquels les vieux souvenirs demeurent ensevelis........ Mais bientôt l'érection d'une chapelle, construite sur le même emplacement, aidera à conserver la mémoire de notre très-pieux et très-noble confrère Henry-Gaspard de Stérimberg.

III. — Topographie.

Exposition et description du coteau de l'Ermitage.

Le coteau de l'Ermitage est situé au nord-est de la petite ville de Tain, sur la rive gauche du Rhône. Ses murs de clôture se prolongent jusqu'aux habitations, qui n'en sont pas éloignées de 200 mètres.

En descendant rapidement en chemin de fer, ou plus gaîment et plus fraîchement, en été, le cours poétique du Rhône, le voyageur aperçoit à sa gauche, derrière la ville même qu'elle domine et protége contre les vents du nord, une petite montagne, travaillée, cultivée jusqu'à son sommet, qui s'abaisse ensuite dans la direction de l'est, et se ramifie au loin en petites collines qui semblent fuir le lit du Rhône.

C'est le coteau de l'Ermitage.

Il est situé par 2° 28' 42" de longitude est de Paris et 45° 4' 39" de latitude septentrionale, d'après les observations de M. de Flaugergues, astronome de Viviers (Ardèche). La hauteur du coteau, prise sur l'emplacement des ruines de l'ancienne chapelle, est de 273 m. au-dessus du niveau de la mer, et de 162 m. au-dessus du niveau du Rhône.

Le torrent de Greffieux, dont le lit est constamment à sec lorsqu'il ne pleut pas, divise en deux vignobles le coteau proprement dit de l'Ermitage. Si on en excepte les vignes situées dans le ravin formé par ce torrent, les deux vignobles se trouvent exposés au sud-ouest de telle sorte, qu'ils ne perdent pas un rayon de soleil depuis son lever jusqu'à son coucher, et se trouvent parfaitement abrités des vents du nord. Leur température moyenne, par quinze années d'observations, est de 13° 90 centig. Souvent on peut y voir travailler le vigneron pendant qu'aux alentours la terre est encore couverte de neige.

Les pentes des deux collines sont également raides; les terres en sont retenues par des murs en pierres sèches, construits en travers à peu de distance les uns des autres. Sans cette précaution, les eaux pluviales descendraient dans le bas toute la terre végétale, dont la profondeur très-souvent n'excède pas 70 centimètres.

Entre le ruisseau de Greffieux et la tranchée du chemin de fer de la Méditerranée dans le pic de Pierraiguille, se trouvent les deux mas du Bessard et de l'Ermite. La composition chimique de leur sol étant la même, une seule analyse en sera donnée.

Le mas de l'Ermite n'est pas tout entier sur la commune de Tain. Les crêtes appartiennent à la commune de Croze, dont les vins jouissent aussi d'une juste renommée, et à la description desquels une place est réservée dans cette notice. C'est au sommet de ce mas qu'était bâtie la chapelle de Saint-Christophe, près de laquelle s'installa sire de Stérimberg. C'est probablement dans ce mas aussi qu'ont été complantées les premières vignes par les successeurs du chevalier qui avait donné l'exemple.

Le mas du Bessard s'étend de la coupure de Pierraiguille au chemin des Tulipes. Les cimes qui le dominent en font partie, et il se termine dans le bas au chemin du Bessard, sauf quelques parcelles, situées de l'autre côté du chemin, composées de sol identique à celui du coteau d'où il a été transporté par les eaux, et dont elles ne portent pas le nom.

Le mas de l'Ermite occupe l'espace compris entre le chemin des Tulipes, le roc de Greffieux que baigne le torrent, le lit de Greffieux, et le sentier des Rogations qui sépare la commune de Tain de celle de Croze. — Nous placerons ce mas après les trois autres, à cause de sa situation sur le coteau, malgré son infériorité relative, et pour suivre l'ordre topographique. — Les vignes qui s'étendent au pied du roc de Greffieux, sous le mas dont nous venons de parler, doivent, par la nature de leur sol, être classées dans celui qui porte ce nom.

Le second vignoble qui se trouve à la gauche du lit de Greffieux s'étend de ce ravin au ruisseau de Beaume, entre le chemin de Greffieux et les cimes de Chantalouette. — Il renferme aussi deux mas : celui de Greffieux au pied du coteau, et le mas du Méal au-dessus de celui-ci, chacun dans toute la longueur du coteau.

Le mas de Greffieux est le seul dont le sol ne soit pas retenu par des murettes : c'est qu'il est moins pentueux et plus étroit. Celui du Méal, beaucoup plus vaste, s'étend du sentier du Méal au sommet du coteau.

Telle est la configuration et la délimitation des divers quartiers qui composent le coteau de l'Ermitage et produisent le vin qui en porte le nom.

Contenances et rendement des divers mas.

Nous allons indiquer, sous forme de tableau, la contenance cadastrale de chacun des mas dont nous venons de donner la délimitation, en y joignant celle des vignobles qui produisent le vin blanc d'Ermitage de premier crû, qui en sont distincts, et qui fournissent aussi un vin rouge de distinction, bien qu'inférieur à celui des trois mas.

Nous mentionnerons ensuite, sans suivre un ordre de mérite, difficile à établir, les principaux quartiers dont le vin se rapproche plus ou moins de celui de l'Ermitage, par certains caractères qui le rendent digne de figurer à côté de ce dernier. Leurs désignations, copiées sur le cadastre, rétabliront leur orthographe, mal observée dans la plupart des ouvrages œnologiques ; le produit approximatif est mis en regard des contenances.

Tableau de la contenance et du rendement des trois mas.

Mas.	Contenances.			Produit par hectare.	Hectol.
Du Bessard....	19 hect.	65 ares.	79 cent.	25 hectol.	491
Du Méal	16	96	32	21	356
De Greffieux..	8	77	50	19	166
Totaux.....	45	39	61		1013

A ce total il convient de joindre les parcelles situées en dessous des chemins du Bessard, de Greffieux et de Larnage, près des ruisseaux de Greffieux et de Beaume, puisqu'une partie de ces parcelles est imposée comme premier crû. — Leur contenance cadastrale est de 5 hectares 11 ares 40 centiares, donnant, par hectare, une moyenne de 28 hectolitres, soit, 143 hectolitres dont une partie inférieure.

Enfin, pour arriver à la contenance exacte de ce qui constitue le coteau dans son intégralité, joignons aux chiffres précédents: 1° environ 2 hectares défrichés depuis la confection du cadastre; 2° le mas de l'Ermite, qui contient 8 hectares 20 ares 99 centiares, ensemble 10 hectares 20 ares 99 centiares, qui produisent environ 26 hectolitres par hectare ou 265 hectolitres; nous aurons ainsi une contenance totale de 60 hectares 71 ares, desquels il faudrait défalquer la partie inférieure dont nous venons de parler, mais qui est fort insignifiante relativement au tout. Le produit moyen du coteau, en vins de mérites différents, serait donc de 1500 hectolitres, la base portée au tableau étant un peu au-dessous de la production actuelle ; mais ce chiffre se trouve en réalité plus élevé, puisque quelques propriétaires font entrer dans leur cuvée un premier choix de vendange de Croze, des Lots et de quelques autres quartiers de Mercurol.

Tableau des contenances des mas qui produisent le vin blanc.

Mas.	Contenances.			Produit par hectare.	Hectol.
De Beaume.....	7 hect.	61 ares.	72 cent.	27 hectol.	205
De Rocoule....	8	51	50	24	204
De Péléat.....	2	31	60	27	62
Des Murets....	8	80	6	29	255
Totaux.....	27	24	88		726

Sur les 726 hectol. que produisent approximativement ces vignobles, les trois quarts au moins sont en vins rouges. Les amateurs de ce genre de vin sont plus nombreux que ceux qui apprécient le blanc, mais si ce dernier était plus demandé, rien ne s'opposerait à ce qu'un espace plus considérable ne fût complanté en cépages blancs.

L'Ermitage proprement dit produit aussi environ cent pièces d'excellent vin blanc qui, dans les années de grande maturité, doit égaler celui des vignobles susnommés.

D'autres quartiers produisent encore des vins fins, et, dans les années supérieures, quelques-uns sont dignes de figurer à côté des grands vins de France.

Le tableau suivant complète la nomenclature des meilleures vignes de la commune de Tain, complantées en cépages fins, et il résume les résultats déjà obtenus.

Contenance des autres mas.

Dénominations.	Hectares.	Ares.	Centiares.	A raison de	Hectolitres.
Coteau de l'Ermitage.....	60	71	»	»	1421
Coteaux des vins blancs..	27	24	88	»	726
Diognières...............	5	73	70		
Les Lots[1]..............	2	94	90		
Varogne..................	3	13	80		
La Croix.................	11	65	80		
Les Diognières et Torras..	8	15	30	28 hectol. par hect.	1592
Le Colombier, La Burge, L'Homme, etc., La Piérelle, ensemble.	25	23	76		
Totaux.........	144	83	14		3739

Le total des vignes de la commune de Tain complantées en Syra, porté au plan cadastral de cette commune, arrive à 144 hectares 83 ares 14 centiares. J'obtiens ici un excédant de deux hectares qui, ainsi qu'il a été dit déjà, représente par approximation les défrichements postérieurs à la date du cadastre.— Les autres vignes complantées en cépages communs produisent des vins qui ne s'élèvent jamais au-dessus des vins ordinaires. Il ne doit donc pas en être ici question.

Les diverses cuvées secondaires composées de l'un ou plusieurs des mas inférieurs et de l'un des trois mas de l'Ermitage, donnent des produits divers, qui sont au vin provenant des trois mas comme à Bordeaux les Laffite, Haut-Brion, Château-Margaux, etc., sont aux Mouton-Rothschild, Issan, Ganot, etc.

L'Ermitage se continue à l'est-est-sud par les coteaux de Beaume, de Rocoule et des Murets ; mais ces coteaux n'en font pas partie. Pourquoi cette exclusion, dira-t-on, lorsqu'on ne craint pas d'appeler Ermitage les vins blancs qu'ils produisent, et que Jullien trouve *corsés, spiritueux, pleins de finesse, d'agrément, de sève et de parfum*? Le vin rouge qu'on y récolte n'est-il donc pas assez distingué pour que, en le classant en 3e ou 4e ordre, on eût pu se dispenser d'établir cette bizarre contradiction d'un vin dénommé Ermitage et qui ne s'y récolte pas?....

IV. — Géologie.

Description géologique. — Défoncements. — Analyses chimiques.

Le sol du Bessard est formé des débris des roches granitiques qui composent tout ce coteau. Dans le principe, leur surface a été désagrégée par les intempéries, la gelée, le soleil et la pluie, et décomposée par l'action lente de l'eau chargée de gaz acide carbonique. Cette portion pulvérulente serait facilement entraînée par les eaux pluviales si elle n'était retenue par de petits murs ou murettes en pierres sèches qui forment, sur le flanc du coteau, une innombrable multitude de petites terrasses.

---

(1) J'ai cru devoir emprunter au cadastre l'orthographe de ces dénominations, que l'on trouve écrites de plusieurs manières. C'est ainsi que beaucoup de personnes écrivent celle du mot Lots (Lauds) d'après l'étymologie du mot *laudes*, parce que là, selon elles, les Romains auraient rendu leurs actions de grâces après la défaite de Bitnitus.

Bien que retenue de la sorte, la terre s'accumule, par suite des cultures, sur le bord des murettes qu'elle surcharge. Elle est rarement reportée dans le haut: la pioche du vigneron la précipite sur les relais inférieurs. Les vignes s'appauvrissent ainsi à la longue ; peu à peu le rocher semble se rapprocher de la surface du sol qui recouvre à peine les racines qu'il ne protége plus des ardeurs du soleil, et auxquelles il ne fournit qu'une substance insuffisante à la fructification.

Le moment est venu de remplacer une vigne dont les produits cessent d'être suffisamment rémunérateurs ; il faut créer un nouveau sol, l'arracher au granit par un défoncement, et ce défoncement devient nécessaire tous les 20 ou 25 ans.

Pour donner une idée de la difficulté de ce coûteux travail dans l'un des plus durs granits qui existent à la surface du globe, nous allons reproduire ici la description qu'en a faite Faujas de Saint-Fons: « Les environs de la ville de Tain, dit ce géologue, fournissent un beau granit gris, très-dur, susceptible d'un poli vif, composé de mica noirâtre à petites lames, de quartz blanc à demi transparent, et de feld-spath blanc configuré le plus souvent en gros cristaux rhomboïdaux ; le feld-spath de ce granit contient quelquefois dans son intérieur de petites lames de mica : *il est si dur, qu'il donne les plus vives étincelles lorsqu'on le frappe avec l'acier.....* Ce granit est l'un des plus durs qu'il y ait en France. »

M. de Laporte, intendant du Dauphiné, en avait fait scier deux tables, et Faujas dit qu'elles étaient chez le roi. Les Romains s'en servaient pour l'ornementation de leurs salles, de leurs temples et de leurs bains, ainsi que le prouvent les nombreux fragments qui en ont été trouvés dans les décombres d'un temple romain bâti au pied du Méal.

Il n'est point inutile d'insister sur la nature de ces roches, qui se trouvent le plus souvent à peu de profondeur et que l'on est obligé de briser avec la poudre, les coins aciérés et le marteau, à 1 mètre ou 1 m. 50 de profondeur [1]. Ce travail, long, pénible et coûteux, est, pour le dire en passant, un des motifs du prix élevé des vins de ce coteau. La fréquente reconstruction des murs qui maintiennent le sol et qu'entraînent souvent les pluies ; l'aridité et la sécheresse de ce sol ; la quantité des engrais sans lesquels le produit serait à peu près nul ; l'obligation de garder le vin six ans avant de pouvoir le livrer à la consommation ; le produit fort restreint des plants ; leur peu de durée, tels sont les principaux motifs qui doivent expliquer et justifier suffisamment ses prix élevés aux yeux des consommateurs.

A chaque pas, pour ainsi dire, la force de cohésion des rochers varie ; le prix des défoncements opérés par des mineurs varie donc aussi, comme la difficulté probable de la désagrégation que d'avance on estime à forfait. L'altération du granit, espèce de carie attribuée à l'action des eaux chargées de gaz acide carbonique, n'existe guère à une grande profondeur; aussi souvent la terre que l'on obtient n'est-elle réellement qu'un amas de petits cailloux granitiques.

Le prix de ces effondrages est entre 50 cent. et 2 fr. 50 le mètre carré pour

---

[1] Bien que très-dur quand il n'est pas altéré, le granit de Tain est du nombre de ceux qui se désagrégent peu à peu et finissent par se réduire à l'état terreux ou en *kaolin* impur. Le défoncement a pour effet de favoriser beaucoup la transformation de ce granit en granit désagrégé, appelé *arène* par les géologues modernes, qui constitue à proprement parler le sol dans lequel la vigne est ici cultivée. C. L.

une profondeur de 1 m. 30. Les tranchées s'opèrent par les plus grands froids, alors que tout semble interrompu dans les autres travaux agricoles. — Si le travail en est moins difficile, le propriétaire le confie à ses vignerons. Les défoncements d'un sol profond, sans obstacle, se paient à ces derniers 10 cent. le mètre carré pour un mètre de profondeur ; on leur abandonne le bois pour les intéresser au triage de toutes les radicelles de la vigne, nuisibles à de nouvelles plantations.

Les parties inférieures du Bessard sont composées d'une terre végétale calcaire tamisée par les eaux dans les régions supérieures, et mélangée à des cailloux siliceux, calcaires et granitiques dans la partie qui touche au Greffieux.

La présence de l'élément calcaire explique la supériorité du vin produit ici par un sol granitique. On sait que le granit fournit ordinairement un vin peu distingué. Les fissures de la zone granitique du Bessard contiennent jusqu'à une profondeur considérable des lames de feld-spath calcaire d'une grande pureté. Elles sont dues à un séjour prolongé des eaux sur ces roches, à l'action des acides sur leur surface, à d'autres causes dont notre sujet ne comporte pas la description, et s'expliquent aussi par la nature des collines qui en dépendent.

Le noyau granitique sur lequel repose le sol du Méal est quelquefois atteint dans les effondrages, mais il ne fournit guère de substance à la vigne, qui est exclusivement complantée dans un terrain d'alluvion dont nous allons donner l'analyse, et qui est aussi mélangé presque partout de cailloux siliceux, calcaires et granitiques.

Du côté du ruisseau de Beaume, et sur les deux tiers au moins du coteau, au lieu de la roche granitique on rencontre un conglomérat à gangue de grès, à ciment calcaire, plus élevé que n'est le granit du côté du torrent de Greffieux. On le brise par les procédés employés au Bessard ; la dureté de ce conglomérat égale presque celle du granit, sans offrir, comme celui-ci, une certaine prise par ses fissures.

Le Greffieux, qui est la section inférieure du Méal, est aussi un terrain d'alluvion qui renferme beaucoup de cailloux calcaires et un sable fin, siliceux, peu substantiel, qui exige des effondrages fréquents. Dans le sommet on retrouve, à une certaine profondeur, le même sous-sol qu'au Méal, c'est-à-dire un poudingue à ciment sableux et calcaire superposé à une roche granitique.

Dans tous ces terrains, d'un aspect fort aride, la vigne résiste bien à la sécheresse, mais elle est d'une longue venue. Les litières y durent peu, et les échalas doivent être fréquemment remplacés.

La vigne n'est pas la seule production qui y réussisse. Les fruits sucrés, comme la figue, le melon et la pêche, y sont exquis et précoces. Le pêcher n'y est, ni semé, ni planté, ni greffé ; il y est comme un arbre indigène, dans les parties inférieures, où il se reproduit sans l'intervention du propriétaire, à qui son peu d'ombrage le fait tolérer. Il y dure peu ; ses fruits sont fort variés mais d'une grosseur ordinairement médiocre.

Nous n'avons point à commenter ici l'intervention de la science dans l'agriculture par les analyses. Si la vigne ne réussit pas également dans tous les terrains, il est évident que certaines expositions lui sont plus favorables que d'autres. Mais comme elle prospère dans des contrées dont le sol offre des différences considérables, il serait téméraire aussi de déterminer d'une manière absolue le sol qui lui convient le mieux.

Il semble résulter de la comparaison des analyses du sol des grands vignobles, que l'oxyde de fer se rencontre toujours dans ceux qui fournissent les meilleurs vins, comme dans le Médoc, la Côte-d'Or, etc. On sait toutefois que d'autres conditions sont indispensables pour obtenir de bons résultats, qui sont toujours en raison de l'altitude, de l'exposition, du choix du cépage, de la vinification, et d'une certaine perméabilité du sol qui le rend apte à absorber l'humidité.

Nous donnerons donc ici, comme l'une des indications nécessaires à la réussite des plantations en vigne, l'analyse chimique du coteau de l'Ermitage et celle des coteaux qui produisent le vin blanc : la première est empruntée à l'excellente ampélographie de M. Victor Rendu ; la seconde est due à l'obligeance de M. E. Gueymard, ingénieur en chef directeur des mines, en retraite.

Analyse chimique des trois mas.

BESSARD (ET ERMITE).		MÉAL.	GREFFIEUX.
Oxyde de fer	10,161	3,530	4,045
Alumine	3,032	1,100	4,622
Magnésie	0,122	0,220	0,673
Silice soluble	0,612	0,900	0,294
Acide phosphorique	0,298	0,160	0,387
Sels alcalins	0,363	0,730	1,009
Carbonate de chaux	2,654	35,520	5,568
Matières organiques	3,097	3,240	7,007
Résidu insoluble	79,661	54,600	76,395
Totaux...	100,000	100,000	100,000

Analyse du sol des coteaux qui produisent le vin blanc.

	BEAUME.	ROCOULE.	MURETS.
Eau et humus	3,5	5,0	3,5
Sable et silicates	63,5	63,0	84,0
Carbonate de chaux	32,5	31,5	12,0
Perte	0,5	0,5	0,5
	100,0	100,0	100,0

Les trois échantillons ont été envoyés à M. Gueymard sans aucune indication. — Il a bien voulu faire suivre son analyse des observations suivantes : « Les terres de Beaume et de Rocoule sont trop calcaires. — Les fumiers durent très-peu dans ce genre de terre. Il faut fumer peu et souvent.

» La troisième, celle des Murets, a une bonne composition chimique. Elle ne laisse rien à désirer, mais, physiquement parlant, les eaux doivent passer comme dans un crible. Elle serait parfaite pour la culture de la vigne. »

V. — Culture.

§ 1er. — Cépages cultivés au coteau de l'Ermitage et dans la région cantonale.

Malgré la multiplicité des cépages cultivés dans les environs de Tain, on peut affirmer que les coteaux de l'Ermitage, de Beaume, de Rocoule, des Murets, des Diognières, des Lots, tout comme ceux de Croze et de toute la région, sont uniquement complantés en petite Syra. L'écueil de la synonymie des cépages ne nous empêchera pas de tenter la description des caractères principaux de nos plants fins. Nous croyons utile de les signaler pour aider à débrouiller la multitude des variétés qui changent pour ainsi dire dans chaque contrée de nom et d'aspect.

A l'opinion qui avance que ce cépage n'est point exclusivement cultivé dans cette région, qu'on le retrouve sous divers noms dans tous les vignobles des côtes du Rhône, nous opposons les paroles de M. Leclerc, rapporteur du comité des vignerons, dont nous citons en partie le rapport à la fin de cette notice : « Il est au moins digne de remarque, dit M. Leclerc, que la culture d'un cépage aussi précieux se soit longtemps concentrée sur un point unique de la France ; car, s'il a pénétré dans les meilleurs vignobles de la Gironde, c'est depuis peu d'années, et il y a 15 ans seulement que M. B*** l'a introduit dans son domaine de Condorcet, près d'Avignon, où il obtient des produits auxquels le congrès vinicole de Dijon a accordé de grands éloges ; » et en renvoi : « L'ampélographie ne cite aucun autre vignoble où la Sirrah soit cultivée en grand. » « C'est que, d'après la loi universelle qui restreint à une mesure toujours très-limitée la production des choses parfaites, la petite Sirrah donne peu, très-peu. »

Nous n'essayerons point ici de trancher la question de savoir si elle est originaire de Syracuse ou de Schyras en Perse ; nous ne prétendons pas davantage dicter l'orthographe du mot, que l'on trouve écrit de six manières différentes [1]. « M. Odart donnant lui-même Sirac pour variante, rien ne s'oppose véritablement à admettre la Sicile comme étant la patrie de notre Sirrah ; car enfin ce mot étrange révèle une origine étrangère, et l'on sait bien où nos ancêtres coururent joyeusement chercher des ceps, lorsqu'en 281, Probus, le bon, le compatissant Probus, leur permit de replanter leurs vignobles anéantis par Domitien. Ils voulurent bien faire les choses, cette fois, et ils s'adressèrent surtout à l'Italie et à la Sicile. »

Cette hypothèse ne paraît pas plus fondée que celle qui assigne pour origine à ce cépage la capitale du Farsistan, près de laquelle il est, dit-on, cultivé. Malgré l'éloignement de ces contrées, il paraît en effet tout aussi vraisemblable que ce vaste plateau de l'Asie, auquel nous devons la figue, la pêche, l'abricot, la prune, la mûre, l'amande, etc., ait pu également nous fournir la Syra, qui aurait alors une commune patrie, patrie des plus illustres, avec les meilleurs poètes de l'Asie dont quelques-uns peut-être ont réchauffé leur génie à ses sources et puisé dans elles quelques-unes de leurs inspirations.

La grosse Syra, donnant un produit abondant, mais commun, doit être exclue des vignobles d'élite. C'est à peine si on en trouverait quelques souches dans tout l'Ermitage où elles auraient pu s'introduire par mégarde ; il paraît cependant qu'elle y était plus répandue il y a quelques années. Son grain est gros, rond, sujet à la rouille et à l'oïdium, comme tous les plants inférieurs ; son feuillage tourmenté est souvent verruqueux ; ses pampres, gros, et rougeâtres, ont une moelle épaisse qui la rend sensible à la gelée, et son vin, qui est assez délicat lorsqu'il provient d'un sujet planté dans un sol convenable, est léger et peu coloré.

Le seul plant cultivé pour le vin rouge à l'Ermitage et dans le canton, dans les expositions qui peuvent fournir des vins de luxe, est la petite Syra, à sarments gris cendré sur jeune plant, et cannelle foncée sur vieille souche, à nœuds distants, d'un rouge sale sur vieux bois, à feuilles fines, assez larges, d'un vert gai, médiocrement lisses à la surface, duveteuses en dessous et ordinairement à cinq lobes. L'extrémité des jeunes tiges est très-cotonneuse ; les feuilles se dé-

---

(1) Sirrah, Syra, Syras, Schira, Sirac et Syrac.

tachent du bourgeon irrégulièrement teintées d'un rose vif, et les nervures sont épaisses. La grappe en est cylindrique, claire ou serrée selon la fertilité du sol ou l'âge du sujet, longue, ailée, à grains inégaux, ovalaires, noir violet, juteux, très-sucrés, à peau craquante et d'une maturité précoce.

Dans les années médiocres et d'une maturité incomplète, le vin de la Syra, vert en nouveau, perd beaucoup de sa verdeur en vieillissant, et finit par acquérir une finesse relative que l'on n'oserait espérer en le dégustant dès qu'il est fait, si l'expérience ne démontrait cette heureuse transformation. Il est probable que cette propriété est inhérente au plant, sauf certaines modifications qui pourraient dériver du sol, mais qui n'empêchent pas ce fait d'être exactement vrai dans tous les quartiers voisins de l'Ermitage. Aussi, tandis qu'avec une année médiocre beaucoup de vignobles, réputés les meilleurs, ne produisent qu'un vin tout au plus digne du cabaret, le vin vert ou pourri de la petite Syra devient, en vieillissant, pelure d'oignon, acquiert un parfum agréable, supporte l'eau, et se classe souvent encore au-dessus des grands vins d'ordinaire. C'est probablement à cette propriété qu'a le vin de la Syra de perdre sa verdeur en vieillissant, autant qu'à la perfection de son produit, qu'il faut attribuer les nombreuses demandes de ce plant qui depuis peu vont croissant chaque année.

« La Syra de l'Ermitage, dit M. Puvis (1), est remarquable sous bien des rapports, mais particulièrement par la durée qu'elle donne aux vins; aussi la vendange tardive, qui compromet leur durée dans la Côte-d'Or et dans la plus grande partie du Midi, n'empêche pas que l'Ermitage ne soit peut-être le vin le plus durable de France; c'est encore un grand avantage que ce plant a sur le Pineau. La durée qu'il donne au vin qu'on en fabrique se transmet, à ce qu'il semble, à tous ceux qu'il produit ailleurs que dans son climat originaire; elle peut aussi donner, à distance du vignoble-type, des vins qui se confondent aisément avec les seconds crûs de l'Ermitage; avantage qui ne se reproduit pas aussi bien pour ceux qu'on fabrique avec le Pineau hors des côtes de Bourgogne (2). »

La Syra craint la coulure particulièrement dans les vignes vieilles. La récolte peut être ainsi réduite des trois quarts. Le grain disparaît alors de la grappe ou se trouve réduit à la grosseur du gros plomb, si la grappe elle-même, complétement dépourvue de grains, ne dessèche entièrement. Cette particularité tient à l'abâtardissement de ce cépage, constaté presque partout. Planté dans un sol neuf et reposé, s'il est bien choisi, il peut retenir aussi bien qu'un autre durant une quinzaine d'années, au bout desquelles apparaissent les symptômes de dégénérescence que nous signalerons bientôt.

La coulure, généralement attribuée à une exubérance de sève fournie par un sol rendu trop constamment humide par des pluies prolongées à l'époque de la floraison, ne s'expliquerait-elle pas plutôt par l'effet des rayons solaires concentrés sur les gouttelettes de rosée formant comme autant de prismes à travers lesquels ils brûlent les organes de la fructification ? Si la sève surabonde, comment

---

(1) *De la culture de la vigne et de la fabrication du vin*, par M. Puvis, ancien officier d'artillerie, ancien député, président de la Société royale de l'Ain, membre correspondant de l'Académie des sciences, etc.

(2) Et ailleurs : « Ce qui à notre avis distingue éminemment ces plants, c'est qu'ils assurent la durée des vins et n'ont pas pour cela besoin de la grappe, comme presque partout ailleurs. »

le raisin dépérit-il privé de cet aliment, et pourquoi le bois seul l'absorbe-t-il au détriment du fruit en s'allongeant démesurément au moment où la floraison s'accomplit ? La vigne ne coule pas invariablement lorsqu'il pleut à cette époque ; elle peut couler même par un temps relativement sec, rafraîchi de loin en loin par quelques ondées qui entretiennent chaque matin la rosée, lorsque le soleil, à son lever, darde ses rayons ardents sur le feuillage et les fruits. Sans l'attribuer à l'humidité du sol, la coulure pourrait donc s'expliquer par cette théorie qui paraît plus rationnelle. — L'humidité qui atteint le pollen des fleurs en général ne semble pas non plus nuire beaucoup à leur vertu prolifique, et la vigne en particulier coule peu par un temps humide et couvert.

Quelques viticulteurs pensent que pour prévenir la coulure dont l'excès et la persévérance inaccoutumés sont un diagnostic évident de décrépitude, il suffirait de laisser les rameaux s'étendre et s'entrelacer à leur gré. Le fruit retiendrait mieux, disent-ils, lorsqu'il serait abrité, par le feuillage, des ardeurs du soleil frappant nos vignes humides de pluie ou de rosée, accident d'autant plus fréquent que, par son exposition méridionale, l'Ermitage fleurit toujours de fort bonne heure.

Cette expérience a été faite intentionnellement, mais elle a eu lieu aussi par le seul effet du hasard chez quelques propriétaires qui avaient négligé d'attacher les jets hâtifs de leurs vignes : nous croyons qu'elle n'a pas paru suffisamment concluante. Si cette précaution avait produit clairement le résultat indiqué, elle serait déjà passée dans nos habitudes, car elle constitue en outre une économie de main-d'œuvre. Les raisins ainsi abrités seraient d'ailleurs peu nombreux, car le fruit de la vieille Syra est ordinairement retourné en-dessus du feuillage, sous lequel il ne s'abaisse qu'après une complète fécondation.

Toute jeune vigne et toute vigne plantée en terre fertile est, comme les provins, moins sujette à la coulure. Il est clair que, si l'on opère dans ces circonstances favorables, l'illusion pourra être complète. C'est sur de vieilles vignes qu'il faudrait expérimenter; mais cette expérience pourrait être fort coûteuse, parce que la soudure des jeunes pampres est presque nulle sur leurs vieux troncs contournés et réduits à l'état de squelette végétal, où la sève ne circule qu'à grand'peine dans des canaux obstrués, oblitérés. Le vent et la pluie dépouilleraient complétement une certaine quantité de ceps qui, même sans cette circonstance, laissent parfois tomber leurs pampres entraînés par leur propre poids. Tout vieux cep qui perdrait ainsi ses branches perdrait souvent plus que le fruit de deux ans, si l'on ne se hâtait de le remplacer en provignant ; aussi nos devanciers, dont nous avons peu modifié les us et coutumes, ont toujours relevé pour éviter les désastres de la chute des tiges, et jamais ils n'ont éprouvé de coulure aussi intense et aussi persévérante que celle que nous subissons depuis dix ans.

Il est donc urgent de chercher ailleurs la cause et le moyen curatif. De même que la plupart des arbres ne se régénèrent que par leurs semences, de même aussi croyons-nous qu'il n'est possible de régénérer la Syra que par des semis. Ce sujet important sera l'objet d'un titre spécial.

La fleur comme la maturité sont précoces à l'Ermitage, grâce à l'exposition du coteau : cette circonstance, parfois entièrement favorable, devient fort nuisible lorsque la floraison coïncide avec les pluies des derniers jours de mai ou les orages de juin si fréquents, si réguliers depuis quelques années ; aussi, souvent tandis que les vignobles de seconde floraison portent une récolte abondante, ceux de cette côte sont-ils affligés de la plus désastreuse coulure.

La Syra résiste bien à la gelée et craint beaucoup moins la rouille que la grosse Syra. On l'expédie sur plusieurs points de la France et à l'étranger en crossettes et boutures et en plants enracinés. Quelques essais paraissent avoir assez bien réussi en France.

On cultive à l'Ermitage et dans tous les coteaux environnants, deux espèces principales de cépages blancs : la *roussanne* et la *marsanne*. On plante en même temps deux variétés de roussanne, la grosse et la petite dont les caractères diffèrent peu, bien que la grosse roussanne rende davantage et donne un vin plus inférieur. Des deux marsannes, l'une donne des fruits tout à fait communs ; celle que les vignerons nomment simplement marsanne s'allie bien aux deux roussannes en quantité inférieure.

La *roussanne* a les nœuds rougeâtres et plus rapprochés que ceux de la marsanne; son sarment est d'un gris moins clair que celui de cette dernière. Ce sont ces caractères distinctifs et particulièrement apparents qui guident les vignerons dans les triages destinés aux plantations locales ou aux exportations. Les feuilles de la première sont épaisses, tourmentées et d'un beau vert; elles ont de trois à cinq lobes. La marsanne est nouée fort long, et sa feuille, souvent boursouflée, a ordinairement cinq lobes. — La rafle de la roussanne est allongée, ailée, formant souvent un double ou triple raisin sur le même pédoncule ; le grain est clair-semé, petit, rond, mais souvent inégal ; sa véraison est tardive; à l'époque de la maturité il devient roux doré et croquant.

La *marsanne* a une grappe généralement moins longue, moins colorée, à grains gros et serrés au point de les déformer. Elle est préférable pour le rendement et son vin fermente plus longtemps; cette fermentation, en absorbant la partie saccharine, rend le vin léger et sec, malgré cette grande douceur en nouveau qui semble receler une certaine qualité ; il s'allie bien avec la roussanne, mais seul, en vieux, il a moins de parfum, moins de durée ; sa couleur est plus pâle; il madère au bout de vingt ans et perd ainsi toute couleur locale. Toutefois l'Ermitage blanc se fait avec le produit des deux cépages, ou des trois cépages si l'on tient à la distinction des deux roussannes ; car la seconde espèce de marsanne que les vignerons nomment *bourrue* donne un vin sec et commun, souvent âpre ou vert et toujours léger, imitant le Chablis dans les années passables, bon seulement pour les assaisonnements culinaires dans les années les plus médiocres.

Ce sont nos cépages blancs qui produisent les grands vins mousseux et non mousseux de St-Péray sous le nom de *roussette*. Moins riche que l'Ermitage, le vin sec qu'ils produisent s'en rapproche beaucoup par la finesse. On ne traite cependant pas leur produit de même dans les deux localités pour faire le vin blanc non mousseux. A St-Peray, on attend une maturité voisine de la pourriture et l'on cueille le raisin dans des vases en bois qui ne perdent pas le jus ; à Tain, au contraire, on vendange le blanc en même temps que le rouge, d'après le principe ainsi développé par M. Puvis : « Le vin blanc a plus de parfum lorsqu'il renferme assez d'acide pour développer l'arôme, et que la maturité est moins avancée : c'est à la finesse de ce bouquet que nous attribuons principalement la supériorité du vin blanc de l'Ermitage, et cet arôme ne s'exalte que dans les vins secs ; pour s'assurer donc de cette condition essentielle, nous pensons qu'il faudrait plutôt avancer que retarder la vendange. »

C'est encore la roussanne qui donne les vins blancs de Seyssel, dans l'Ain. On vient aussi de l'introduire en Crimée parmi les 14 cépages de la Tauride. Je ne sais si les seigneurs russes parviendront à faire de l'Ermitage de leur crû sous le beau climat de cette contrée; mais les plantations qu'on y exécute aideront sans doute à réparer les désastres de la campagne de 1855, pendant laquelle notre armée brûla forcément les ceps de ces riches vignobles.

§ 2. — Dégénération de la Syra.

Souvent une jeune vigne s'épuise à pousser des tiges foliacées par les aisselles, des pampres assez forts et bien nourris, un feuillage garni et vigoureux, et la récolte insignifiante qu'elle fournit forme un contraste frappant avec sa luxuriante végétation. Demandez au vigneron la cause de ce phénomène, il vous dira que c'est là un mauvais plant, c'est-à-dire un plant qui a vieilli et dégénéré.

La Syra ne présente pas toujours ces caractères dès le début d'une plantation, mais ils se révèlent à tout âge avec l'infécondité qui les accompagne, et s'ils surviennent un peu tard, on les attribue uniquement à l'épuisement du sol.

Le sol et le temps sont les grands coupables de tout ce que l'on ne sait expliquer, et on alléguerait certainement la pauvreté des sucs nutritifs pour expliquer ce défaut de fructification, si la vigueur des sujets n'établissait avec cette assertion la contradiction la plus choquante.

La dégénération du cep étant un fait avéré, et la gravité de ses conséquences actuelles et éloignées étant incontestable, peut-être ne nous saura-t-on pas mauvais gré d'en avoir recherché les causes et le remède.

Dans une question dont la difficulté égale l'importance, nous éprouvons le besoin d'emprunter l'autorité d'hommes plus versés que nous dans la science œnologique. Nous résumerons donc ici les arguments qui ont été fournis sur cette question, conduits nous-même à cette détermination, sinon par l'évidence, du moins par l'impérieuse nécessité de la chercher ou de se résigner à une production par trop aléatoire, insignifiante peut-être dans l'avenir.

La discussion de la dégénérescence des plants a été vivement agitée dans les congrès vinicoles et scientifiques depuis plusieurs années. Elle a longuement préoccupé le 5e congrès des vignerons, et, bien que la question n'y ait point été tranchée, sur les arguments de M. Puvis, elle y a fait un grand pas et attiré l'intervention de plusieurs de ses membres.

« A quoi attribuer la courte durée de la vigne (à l'Ermitage), dit M. Puvis, malgré ces soins de provignage? En Bourgogne on a un plant dont les ceps demandent à être renouvelés tous les 10 à 20 ans; mais le provignage y prolonge indéfiniment la durée de la vigne. Attribuera-t-on cette courte durée au sol ou au plant? Le sol y est bien pour quelque chose; on voit qu'ici comme ailleurs, la durée de la vigne se maintient beaucoup plus dans le sol calcaire que dans le sol siliceux; mais dans le sol le plus favorable, elle faiblit encore assez promptement. L'attribuera-t-on à l'ancienneté de cette culture dans ce sol? Mais les vignobles de la Côte-d'Or semblent encore plus anciens. La nature du plant n'en serait-elle pas la principale cause, et ne pourrait-on pas admettre que là, plus encore qu'en Bourgogne, le plant, vieilli particulièrement dans sa racine, aurait besoin de la voir souvent renouveler?

....

» C'est, nous le pensons, le plant fin qu'il serait le plus à propos de faire varier par les semis ; le peu de durée de ses ceps nous fait présumer que, comme le Pineau, il serait déjà bien vieux et qu'il serait à propos de le renouveler. »

La Syra est trop vieille, voilà donc la cause du mal ; les semis, tel est le remède proposé et discuté au sein du congrès de Lyon, dans la séance du 22 août, dans le but de rajeunir les vieux cépages en général.

On sait qu'une bouture est la continuation d'un végétal quelconque ; c'est un moyen facile, donné par la nature, pour prolonger la vie des espèces, mais ce moyen n'entrave pas l'action du temps et la décrépitude qui en est la suite. Le semis, au contraire, crée une existence nouvelle, vivifiée dans un germe : c'est une autre création qui se présente souvent avec des caractères nouveaux.

« Tous les jours nous voyons toutes les individualités matérielles naître, se propager et mourir : les individualités végétales sont loin de faire exception ; leur vie est plus ou moins longue, mais elle cesse et doit cesser aussi bien qu'elle a commencé.

» Knight s'est assuré par des expériences nombreuses que les individus végétaux, semblables en cela aux animaux, en approchant du terme de leur vie, faiblissaient plus promptement dans les uns ou les autres de leurs principaux organes : ici, les racines succombaient les premières ; là, le système de circulation par l'écorce ou par le bois, et ailleurs, le système foliacé.

» Il y a plus de trente ans que nous avons entamé la discussion sur la dégénération des variétés propagées artificiellement, et sur leur renouvellement par les semis ; la question était neuve alors, mais déjà nous regardions comme certain que dans tous les ordres de végétaux cultivés, les variétés des plantes propagées par semis, boutures, drageons, greffes, etc., finissaient par s'éteindre : Pline ne retrouvait plus les variétés de fruits cultivées du temps de Caton ; Ollivier de Serres ne pouvait reconnaître celles du temps de Pline ; nous-mêmes avons perdu la moitié de celles décrites par Laquintinye.

» Galesio en Italie........ a répandu dans son pays l'opinion de la dégénération et de l'extinction des variétés propagées par d'autres moyens que les semis.......

» Columelle, dans le temps, se plaignait aussi que les vignes *aminées*, qui du temps de Caton produisaient les meilleurs vins, étaient désormais presque sans produit. Pline regardait comme perdues deux des principales variétés dont avait parlé Virgile. On ne trouve plus la plupart des vignes décrites par Pline, et nous pensons que les excellents vins de Massique, Falerne, Sorrente, ne sont devenus aujourd'hui médiocres que parce que les plants des variétés qui les produisaient ont cessé d'exister.

» La Société impériale de Vienne attache beaucoup d'importance à la synonymie, mais surtout à la création de nouvelles variétés par les semis ; elle a déjà obtenu de grands et beaux résultats...............................

» Dans l'emploi des plants nouveaux, il y aurait, il est vrai, dans les grands crûs, de longs essais à tenter avant de se décider à leur faire remplacer les plants actuels, et il faudrait aller doucement, crainte de compromettre la qualité du produit ; mais avec du temps, de la mesure et de la patience, on arriverait, à ce qu'il semble, à pouvoir obtenir du mieux en quantité et peut-être même en qualité. »

Si l'on trouvait trop longue la recherche de variétés meilleures dont il faudrait faire le vin pour obtenir une expérimentation complète, il serait facile de s'en tenir aux variétés qui reproduiraient exactement le sujet primitif, et une expérience, entre autres, faite sur 80 sujets provenant de semis, en a donné 14 reproduisant la variété-type. On ne craindrait donc pas de perdre la Syra en la régénérant par les semis.

Les plus heureux résultats ont été obtenus dans le Beaujolais par la substitution des espèces nouvelles aux anciennes.

Il n'y a pas 30 ans que le Gamay-Malin, plus productif que le gros Gamay et dont le vin est plus estimé, a été recueilli et propagé.

Plus récemment encore, un vigneron de Bevy a découvert le Gamay-Bevy, plus hâtif que le plant d'Arcenans également dû aux semis depuis quelques années.

Le vigneron Chatillon a trouvé, il y a 40 ans, une variété du petit Gamay beaucoup plus productive que ce dernier.

M. Odart a reçu de M. Henriet, directeur de la pépinière départementale de l'Allier, deux bonnes variétés de Gamays obtenues par semis.

Ces faits, et tant d'autres que nous sommes obligé de passer sous silence, nous paraissent montrer la voie qui tôt ou tard pourra sauver notre production du sort de tant d'autres qui ont fait leur temps. Deux objections leur ont été opposées par quelques membres du Congrès, les voici :

« M. V. Thiolière croit, relativement à ce qu'a dit M. Puvis du peu de durée que la nature a accordé à chaque espèce, soit végétale, soit animale, devoir présenter une distinction essentielle entre les espèces, ou plutôt les variétés artificielles que l'homme vient à bout de produire, et les espèces vraiment naturelles. Les premières, qui ne rentrent point directement dans le plan général et primitif de la création, ne peuvent, en effet, jouir d'une vie longue et énergique; mais les espèces que la culture ou la domesticité n'ont point modifiées ont une durée que nous ne pouvons apprécier. Les recherches géologiques ont montré que certaines plantes avaient une existence extrêmement prolongée. Telle espèce, par exemple, dont nous trouvons les traces évidentes dans les terrains de transition, a vécu pendant toute la période houillère et se retrouve encore dans les assises des terrains jurassiques.

» M. Puvis répond qu'il n'a pas prétendu donner des conclusions qui s'étendissent jusqu'aux âges géologiques; du reste, il admet parfaitement la restriction de sa pensée aux seules variétés produites par l'action du travail, de l'art, sur les espèces naturelles. M. Sauzey demande à M. Puvis si la dégénérescence des plants ne devrait pas être attribuée à l'appauvrissement du sol sous le rapport de certains principes nécessaires à la vigueur du végétal, plutôt qu'à une sorte de décrépitude du cépage.

» M. Puvis : Comme dans un sol où les plants dépérissent, il suffit, pour les ranimer, de renouveler leurs racines sans apporter aucun changement au terrain, on ne peut ni penser ni dire que c'est le sol qui fait défaut à la plante, mais bien plutôt conclure naturellement que c'est la plante qui n'a plus la force d'y puiser sa nourriture. »

A notre avis, et pour ce qui regarde la situation du coteau de l'Ermitage, plus d'un écueil attend une expérimentation isolée. Il faudrait beaucoup de temps, probablement plus qu'on n'en mettrait à faire venir du plant, comme nos devanciers de la Sicile ou de l'Asie. Le producteur qui l'entreprendrait pourrait-il bien se fier à ses propres lumières pour apprécier la valeur des variétés obtenues ou l'identité des sujets avec la variété mère? N'aurait-il pas à craindre d'être accusé d'avoir sacrifié une espèce connue et supérieure pour une variété douteuse sous le rapport de la qualité de son produit? Et les conséquences pour lui n'en seraient-elles pas déplorables? Et cependant, au lieu de chercher à se dédommager sur le prix d'une production dont la qualité s'amoindrit périodiquement, ne serait-il pas mieux pour le producteur comme pour le consommateur, d'étudier les moyens de la maintenir dans des conditions normales? Ce serait là assurément un grave sujet d'étude pour un comité composé d'hommes pratiques. Peut-être faudra-t-il attendre que ce moyen soit imposé par une impérieuse nécessité : elle seule, comme dit Montaigne, est une violente maîtresse d'école.........

§ 3. — Plantations. — Fumures.

Lorsqu'une vigne ou portion de vigne devient improductive par suite de l'âge ou de l'abâtardissement des sujets, ou de l'épuisement du sol fatigué par l'uniformité d'une longue culture, un défoncement a lieu ainsi qu'il a été dit. En effondrant, le triage des mères doit être fait soigneusement, et le terrain, ainsi préparé et nettoyé, reste en repos pendant quatre ans, plus ou moins, selon le besoin présumé par le propriétaire, jusqu'à ce que toutes les radicelles qui ont échappé à la main du vigneron, et tout ce qui tient de la substance de la vigne se soient consumés. On y sème, pendant ce temps, du sainfoin, de la luzerne, ou toute autre plante fourragère qui absorbe les détritus de la vigne qui lui servent d'engrais. Cette substance, nuisible à de nouvelles plantations, ainsi que le démontre l'expérience à tous ceux qui se hâtent trop de replanter, est ainsi réduite et absorbée, et le sol, purifié d'un principe léthifère dont l'effet serait la pourriture de la nouvelle plantation, a repris avec le temps une partie des sucs raréfiés par une culture trop prolongée.

Les propriétaires intelligents renouvellent leurs vignes par parcelles assez spacieuses, les petits effondrages ayant pour effet de faire périr tout autour les souches dont les mères ont été coupées en effondrant. Le renouvellement doit être proportionné à la contenance des vignes que l'on possède, de telle sorte qu'en 20 ou 25 ans la totalité ait été replantée, et qu'on n'ait point cessé de récolter toujours à peu près la même quantité de vin.

La Syra du coteau de l'Ermitage est peu propre aux plantations en général et particulièrement à celles du coteau. Je ne sais si, expédiée au loin, elle y obtient une meilleure réussite, mais les propriétaires ont assez généralement renoncé à l'employer à l'Ermitage, où, malgré une luxuriante végétation, elle fructifie peu et dégénère promptement. C'est donc à tort que l'on insiste souvent pour obtenir des propriétaires du plant taillé sur le coteau même, à moins que l'expérience n'ait déjà démontré aux destinataires sa réussite dans le sol auquel ils le destinent.

Dans le pays on a recours à des plants provenant de jeunes vignes, autant que possible complantés dans des terrains neufs, aux châssis ou ailleurs, mais peu fertiles. Dans le triage qui en est fait on repousse soigneusement le sarment rougeâtre recourbé dans le bas, surtout lorsqu'il est garni latéralement de petits rejetons, indice certain d'une dégénérescence dont les effets seraient certainement manifestes dès que la plantation serait en état de produire.

On plante en février, mars ou avril, le plus souvent en crossettes et quelquefois en plants enracinés. Préalablement on a tracé la plantation à l'aide d'un cordeau, par de légers sillons, à la surface du sol, coupés à angle droit par des lignes transversales. La section des lignes parallèles distantes d'un mètre forme autant de carrés d'un mètre qu'il peut en entrer dans l'espace à planter. Au point d'intersection on plante une crossette au pal de fer; on terréaude à la main et l'on fixe les sujets à environ 70 centimètres de profondeur, de telle sorte qu'en les soulevant on les casse plutôt que de les arracher.

Il est rare que la première année il prenne assez de sujets pour garnir. On repique donc l'année suivante, et souvent pendant plusieurs années. Pour éviter cet inconvénient et gagner un an ou deux, on plante quelquefois à double, c'est-à-dire deux sujets l'un près de l'autre. Lorsque la plantation pousse des sarments assez longs pour être provignés et en assez grande quantité pour qu'elle puisse être garnie, ou à peu près, en tous sens, on étend ces sarments vers les angles où les sujets n'ont pas prospéré, dans un fossé ou provin d'environ 75 cent. de profondeur et d'un mètre de longueur ; on recouvre de quelques centimètres de terre et l'on fume. La vigne jeune ou vieille ne reçoit jamais de fumure que sur le sujet que l'on remplace, mais les provins sont toujours assez rapprochés pour que celle-ci soit suffisante à un bon entretien sans nuire par son abondance à la qualité du vin. Ainsi point de fumure à la surface, l'engrais ainsi répandu fait raciner la souche dans le haut, ce qu'il faut éviter dans un terrain sec et si facilement perméable à la chaleur que l'est celui de l'Ermitage. C'est par la même raison que l'on évite de *combler* les provins, la vigne ayant une tendance à former haut son chevelu, qui serait ainsi desséché pendant la chaleur, et mutilé sinon coupé à chaque façon par la pioche du vigneron.

La plantation par barbeaux ou plants enracinés se fait par provins ou par tranchées ou bancs dans lesquels on établit les sujets à 1 mètre de distance. Le banc, creusé à 1 mètre de profondeur et à 3 mètres du banc voisin, se renverse, pour garnir cet espace, dès que son bois a acquis une force suffisante : il en est de même des provins. On fume les bancs et les provins, et le rendement se fait moins attendre que par le premier système, qui offre l'avantage d'une plus longue durée.

Le provignage commence dès la chute des premières feuilles de la vigne. On met environ 20 kilog. de litière de cheval dans chaque provin. Cette quantité employée dans les vignes les moins élevées du coteau revient à 30 centimes et la façon du provin à 10 centimes, mais dans les régions supérieures la difficulté d'accès élève le prix du provin fumé à 50 et 55 centimes. Pour maintenir une vigne en bon état, il faut creuser en moyenne 40 provins par 5 ares et par an.

Autant que possible on ne provigne que des souches de bon plant marquées d'avance: le moment où elles portent leur fruit est le plus propice à ce choix, la végétation n'étant pas une indication suffisante à établir la qualité du plant. Une seule souche remplace rarement 2 souches voisines par un provin de 3 pointes: ce genre de remplacement, indispensable lorsqu'il manque des sujets de bon plant, épuise rapidement les souches ainsi provignées, surtout dans les terrains les plus secs et les plus arides. Il en est autrement du provin à 3 pointes fait avec 2 souches, l'une chétive, l'autre à longs sarments gris-cendré ; celle-ci fournit 2 pointes, la première une seule ; on fume en conséquence et on a évité la façon d'un provin pour l'année suivante.

Dans le provignage, on ne rejette pas avec moins de soins, quelle que soit sa vigueur, la souche à feuillage épais et découpé, à grappes dégarnies et à grains inégaux, portant, en un mot, tous les caractères du plant dégénéré que nous venons de décrire. Provignée, elle pourrait parfois donner du fruit un an ou deux, et plus tard ne produire que du bois.

Tels sont les soins généraux donnés au sol destiné à la vigne, aux plantations, au choix du plant et à l'entretien par le provignage.

Si l'on réfléchit qu'un effondrage reste 4, 5 et 6 ans ne produisant que des légumes dans le sol le plus fertile ou du fourrage que l'on enterre ensuite avant de planter, et souvent rien lorsque les débris granitiques ne sont qu'un amas de pierres sèches ; que la vigne reste ensuite 5 ans sans produire, et que le vin demeure 3, 4 ou 5 ans en futaille, selon le crû et l'année, avant d'être prêt à la mise en bouteilles ; si l'on tient compte de la dépréciation des récoltes inférieures qui sont au nombre de 3 sur 10 ; enfin, de l'impôt qui pèse lourdement sur l'Ermitage, ainsi que des frais causés par la hauteur du coteau où tous les charrois se font forcément à dos d'homme, on doit, si l'on n'oublie pas les difficultés déjà exposées des défoncements, avoir une explication suffisante du prix élevé des vins de l'Ermitage. Il semble même que ces raisons devraient être un sujet de méfiance pour ceux à qui on les offre à bas prix. Et cependant quelque élevé, que paraisse ce prix, il n'égale jamais celui des grands crûs de Bordeaux, qui touche assez souvent à fr. 1500 la pièce de 228 litres, dont les frais n'atteignent pas la proportion des nôtres, et dont la durée est bien loin d'égaler celle de l'Ermitage [1].

§ 2. — Taille pratiquée à l'Ermitage.

A l'Ermitage et dans tous les vignobles environnants, on dresse la vigne sur un ou deux coursons, ou revers, pour me servir du terme des vignerons [2], d'après le principe général que la vigueur du cep indique le nombre de bourgeons qui doivent être courbés sur l'arçon. En général, une souche n'a qu'un arçon de 3 nœuds, et quelquefois un courson à un seul œil taillé à côt dans le bas. C'est un moyen de raccourcir l'année suivante un cep dont le pied est trop élevé et dont le fruit, placé hors du rayonnement sensible de la chaleur de la terre, ne se trouve pas dans les conditions de maturité les plus favorables.

Dans les terrains les plus fertiles, on laisse 2 revers comme cela se pratique régulièrement sur les cépages inférieurs : mais de même que les cépages qui produisent le moins sont ceux qui donnent le meilleur vin, de même aussi sur un même cépage la quantité est toujours au détriment de la qualité.

Le pampre qui reçoit la taille est ordinairement le plus fort et autant que possible le plus rapproché du pied ; c'est ce que les vignerons appellent : *tailler sur le vin*. Dans le nombre des bourgeons laissés en taille ils ne comptent pas le plus inférieur, qu'ils nomment, je ne sais pourquoi, *le sourd*, et qui souvent porte du vin.

Parfois on a appliqué à quelques vignes la taille à côt ou à courson raccourci. C'est un moyen d'économiser du temps en retranchant beaucoup de ligatures, mais, outre que cette taille est moins gracieuse, on pense généralement que le demi-cintre du revers étale mieux le fruit au soleil. D'ailleurs la taille à l'Ermitage se pratiquant ordinairement de bonne heure, il arrive quelquefois que le froid attaque la partie supérieure de la moelle du pampre, tue ainsi l'œil supérieur, ce qui n'enlève qu'un bourgeon à chaque souche, tandis que chaque courson, dans le deuxième système, éprouve la même perte. Un œil de moins

---

[1] Les 1811 et les 1834 sont encore aujourd'hui des vins fort remarquables, frais et parfumés, auxquels une certaine décoloration qui les rend pelure d'ognon donne du prix aux yeux de beaucoup d'amateurs.

[2] Arçon, courson et aste me paraissent être synonymes de revers et ne différer que par une certaine couleur locale.

à une souche peut profiter aux doubles bourgeons; le mal se trouve ainsi compensé: il serait irréparable dans le système de taille à court-bois.

La taille est sans contredit l'opération la plus délicate et la plus importante de toutes celles qui s'appliquent à la vigne. C'est d'elle que dépend la santé de la souche; aussi le meilleur vigneron est celui qui taille le mieux. S'il manque de conscience ou s'il n'a pas à redouter l'œil du maître, il peut, en 2 ou 3 ans, d'une jeune vigne vous faire un terrain vague, sans profit pour le maître s'il tient à la qualité, à laquelle a nui un rendement forcé, et, pour cet unique avantage, celui d'avoir bientôt un effondrage à faire. La nécessité de la surveillance de cette opération a mis les propriétaires de l'Ermitage dans le cas d'étudier la taille, et la plupart d'entre eux peuvent la raisonner en hommes pratiques pour ce qui tient aux cépages de la contrée.

A l'inconvénient de donner des fruits moins parfaits, quelquefois même médiocrement mûrs dans les bonnes années, lorsqu'elle est surchargée, la Syra joint celui de dépérir rapidement lorsqu'elle n'est pas ménagée à la taille, et de s'épuiser en bois lorsqu'au contraire elle n'est pas taillée selon sa force.

La taille de tous nos cépages peut être pratiquée en décembre: c'est la taille *des Avents*, ou en février et mars, selon le temps, mais toujours par un vent sec qui sèche la coupure. Tout autre temps est bon pour provigner: les vignerons prétendent néanmoins que la souche provignée en lune nouvelle ne racine pas.

En général, la taille précoce est la plus avantageuse dans les expositions semblables à celle des vignobles qui nous occupent. La vigne y gagne une hâtiveté qui s'étend à toutes les phases de sa végétation; son fruit a plus de temps pour mûrir et élaborer le principe sucré et les huiles essentielles sans lesquelles les grands vins se rapprochent plus ou moins des vins communs.

La taille doit être pratiquée à 5 ou 6 centim. de l'œil supérieur, pour mettre celui-ci à l'abri du gel qui pénètre par sa moelle; si le sommet du revers a été mutilé ou fendu, cet accident n'entraîne pas alors la perte du bourgeon. La coupe doit être légèrement en biais pour faciliter l'écoulement de la pluie.

On applique aux cépages blancs la taille à court-bois. L'expérience a démontré que, par la taille à revers, ces cépages donnaient moins de vin. La sève se porte aux extrémités; les bourgeons inférieurs retiennent peu et nuisent néanmoins aux bourgeons supérieurs.

Le rendement des cépages blancs est plus régulier et plus considérable que celui de la Syra; ils craignent moins la coulure et le gel; ils durent davantage, mais ils sont plus sujets à l'oïdium. On ne les plante à l'Ermitage même que par petites quantités. Ce sont les collines de Beaume, de Péléat, de Rocoule et des Murets, qui produisent plus particulièrement le grand vin d'Ermitage blanc, qui ne tombe jamais dans l'infériorité du rouge; « Car, dit Cavoleau, quoiqu'il se montre médiocre et même mauvais dans le principe, il devient presque toujours d'une qualité parfaite en vieillissant. »

Quant au choix des cépages à faire, dans l'intérêt de la viticulture en général, j'ai peu de confiance aux conseils donnés aux propriétaires par quelques auteurs, *de rechercher les plants les plus productifs et les meilleurs, les espèces qui donnent le plus en quantité, qualité et maturité.* Rien n'est beau comme de grouper ensemble une série d'attributs, au risque de voir la théorie démentie par la pratique. Celui qui passe une portion de son temps à cultiver et étudier les cépages différents, arrive toujours à cette conclusion moins séduisante, que le plant qui donne le plus est celui qui a le moins de qualité. Les cépages les plus distingués eux-mêmes donnent souvent un vin moins riche les années où le fruit les surcharge; sans doute l'élaboration des principes qui développent le raisin ne s'accomplit pas alors dans des conditions normales.

Il vaudrait mieux dire franchement aux cultivateurs : tel sol ne peut produire qu'un vin commun, ainsi que l'indique l'analyse chimique et l'expérience: plantez donc tel cépage qui, par l'abondance de ses fruits, vous dédommagera de la qualité que vous chercheriez inutilement et que vous trouverez en partie par de meilleurs procédés de vinification et par les soins plus assidus de votre cave. Disons à d'autres, dont le sol peut, par sa composition et son exposition, faire espérer l'amélioration d'un vin déjà estimé: essayez de planter sur une petite échelle de plus riches cépages, cultivez-les, préparez leurs produits et conservez-les d'après les procédés mis en pratique dans les régions viticoles les plus avancées.

Pour faire le mieux possible en cette matière, il faut se fixer par tâtonnements sur le choix du cépage, c'est-à-dire sur son appropriation au sol qui doit le recevoir, lui donner un sol suffisamment défoncé, étudier et lui appliquer la taille qui lui convient le mieux, cuver le vin, le presser et le traiter en cave d'après les grands principes que nous tâcherons de résumer plus loin. Pour les vins fins, outre le cépage et l'exposition, une certaine composition de terrain est nécessaire, ainsi que nous l'avons déjà dit.

§ 5. — Façons données aux vignes de l'Ermitage.

Une vigne en état reçoit trois façons chaque année. Ces façons se donnent à la pioche et se nomment : *déterrage*, *fosserage* et *binage*. — Le *déterrage* consiste à découvrir le pied de chaque cep par un petit fossé semblable à un segment de sphère renversé, large d'environ 60 centimètres, et profond d'environ 10 centimètres au pied de la souche. On enlève ainsi les gazons et autres herbes parasites qui, dès les premiers jours de printemps, se développent au-dessus du chevelu de chaque souche et vivent aux dépens de celle-ci. La chaleur se concentre dans ces petits fossés et met de bonne heure la sève en mouvement. Cette opération se commence du 10 au 15 mars.

Vers le premier mai on entreprend le *fosserage*, qui consiste à ramener en tas le sol compris entre 4 ceps, ou entre les 4 fossés creusés à la première façon, en secouant l'herbe que l'on met au sommet, où elle se dessèche. Tous ces tas forment comme autant de petites pyramides circulaires que le soleil darde en tous sens, et entre lesquelles se fait au bénéfice de la vigne un rayonnement continuel de chaleur.

M. Sauzey, président provisoire du 5e Congrès des vignerons, s'exprime ainsi sur ce genre de culture : « On doit à ces vignerons cette justice que nulle part le premier labour n'est donné avec plus d'art et d'élégance; ils ne se bornent pas.... à renverser la terre à plat, ils l'amoncellent sur chacun des intervalles qui séparent les ceps en autant de petites pyramides régulières qui, en donnant à la surface un aspect gracieux et pittoresque, offrent à chaque heure du jour une face nouvelle aux rayons du soleil.

» Au bout d'un mois chacun de ces petits monticules, pénétré par les pluies chaudes d'avril, forme une terre fraîche, friable, qu'un deuxième labour étend facilement au pied des ceps, et dans laquelle les nouvelles racines à fruit poussent et s'étendent avec facilité. »

Ce second labour est le binage.

Le *binage* s'exécute vers le 20 juin ; il consiste à étendre à la pioche tous les tas ainsi formés, et qui, durant la grande chaleur, dessècheraient la terre. Leur nivellement, après une pluie, maintient dans le sol, pendant le mois d'août, une fraîcheur salutaire au travail de la maturation.

Le *déterrage* facilite le remplacement des paisseaux courts par d'autres en meilleur état. Ces tuteurs sont ordinairement en châtaignier, parfois en mûrier ou en acacia ([1]).

C'est sur eux que se rabattent les arçons qui sont fixés au moyen d'une ligature en osier. Ils servent également à maintenir les pampres les plus précoces que la pluie et le vent détacheraient du courson s'ils n'y étaient attachés par une première ligature en paille. On épampre en même temps les rameaux sans fruit, mais il faut que la vigne ait passé fleur pour procéder à ces deux opérations, si on n'a pu les accomplir auparavant. Le vigneron ne doit pas entrer dans la vigne pendant la période de la floraison.

Après avoir lié les souches les plus drues, on met, peu de temps après, un nouveau lien en paille pour fixer en haut tous les pampres d'une même souche et donner partout de l'air et du soleil. — On épampre de nouveau. — Dans les derniers jours du mois d'août on relève encore les pampres déliés par le vent et ceux qui, par leur élongation, fourniraient au fruit un ombrage nuisible ; on épampre pour faciliter la maturation et ne pas épuiser en vain la souche, et on déterre les raisins que leur rapprochement du sol exposerait à la pourriture en les maintenant dans l'humidité qui arrive ordinairement avec les pluies de l'équinoxe.

Cette précaution est rendue indispensable par notre genre de taille qui consiste à rabaisser le fruit le plus près possible du sol pour obtenir une maturité plus complète. Les provins surtout ont besoin que la pioche du vigneron enlève les terres vers lesquelles les nombreux raisins qu'ils portent se sont allongés ; sans cela les pluies de septembre les pourriraient si les vents ne les égrenaient pas en les agitant sur le sol. La négligence serait ici payée bien chèrement, aussi la pratique que nous mentionnons est-elle d'un usage général.

Ce travail n'est donc point un labour particulier, mais une simple précaution contre la pourriture. Le comité des vignerons du Congrès de Lyon, l'un de ses

---

([1]) La force des choses obligera prochainement les propriétaires de vignes à abandonner les bois durs, et, à l'instar de ceux du Beaujolais, à se servir pour échalas des bois tendres préparés au sulfate de cuivre ou au sulfate double de cuivre et de zinc ou par toute autre substance.

Le sulfate de cuivre en cristaux coûte 90 fr. les 100 kil. — On emploie 1 kil. de sulfate par 72 litres d'eau. L'absorption du bois est d'environ 240 kil. de préparation par mètre cube.

Le sulfate double de cuivre et de zinc sulfatise 1 mètre cube de bois pour 0,86 c. — Les sels mixtes cristallisés de M. Perret, de Lyon, donnent des résultats très-satisfaisants : ils ne coûtent que 36 ou 40 fr. — Au moyen d'un aréomètre (aréomètre Margary) on vérifie la densité du liquide et l'on revient aux proportions indiquées par une addition d'eau ou de sel.

On emploie à cet usage des tonneaux défoncés ou des caisses en bois, sans clous ni fer, jointées à l'étoupe. Après l'opération, on les enterre pour empêcher les bords de se renverser. Le liquide se transvase dans une barrique, à l'aide d'une petite pompe. — On peut aussi se servir de bassins en maçonnerie à deux compartiments séparés par une écluse, l'un pour la préparation, l'autre pour le bois.

La durée des bois est ainsi augmentée du triple.

membres du moins, ne semble pas l'avoir bien compris pendant la courte visite faite à l'Ermitage en 1846. « Il lui a semblé, est-il dit dans le procès-verbal de la séance du 24 août, que c'était au moment de la maturité du raisin, ou du moins peu de temps avant cette maturité, et probablement pour l'activer, qu'on déchaussait les ceps, en amoncelant la terre dans les intervalles qui les séparent. »

A la fin d'août, la commission a pu voir en effet le vigneron creuser des fossés sous les raisins les plus rapprochés du sol ou supportés par le sol, dont les extrémités mêmes sont quelquefois enterrées, pour les tenir hors de l'humidité; mais il ne s'agit point de déchausser le cep et moins encore d'amonceler la terre; on a simplement en vue de dégager le raisin, de le déterrer. Un labour particulier est en outre exécuté à plat, dans les jeunes plantations, vers le 10 août, après une pluie s'il est possible, afin d'activer la seconde sève et la rendre plus profitable aux jeunes plantées, dont l'élongation des pampres peut ainsi permettre quelques provins dès la troisième année.

L'effeuillage ne se pratique que dans les bas fonds, peu de jours avant la cueillette. L'épamprage est plus usité; il a lieu, nous l'avons dit, dans les vignes drues en même temps que le relevage de la fin d'août.

La culture et l'entretien des vignes du canton de Tain ne diffèrent pas de ceux qui sont usités à l'Ermitage

VI. — Œnologie.

§ 1er. — Vendanges. — Vinification.

A l'Ermitage on ne fait pas plusieurs vins comme dans le Bordelais. On sait que le premier vin est celui qui provient d'une première cueillette des raisins les plus murs, le second vin celui qui provient du raisin cueilli dans la même vigne quelque temps après le premier choix. Parfois on fait ainsi jusqu'à 4 espèces de vins que l'on mélange ensuite. Les quantités de chaque propriétaire permettraient difficilement de faire ainsi plusieurs cuvées des mêmes vignes à l'Ermitage. On arrive à peu près au même résultat par le ban des vendanges publié à la suite d'un avis émis par une commission de propriétaires sur l'état de maturité de la récolte, et surtout par un triage fait à la vigne et auquel on apporte le plus grand soin.

Pour atteindre ce but, on divise son groupe de vendangeurs en coupeurs, porteurs et trieurs. Dès que la vigne est sèche, l'opération commence. Les porteurs se chargent la vendange dans des bannes [1] (vases en bois), où le raisin demeure entier. Il parvient ainsi aux trieurs, hommes choisis parmi les vignerons, qui le font passer grappe par grappe dans une banne vide sur laquelle la première est inclinée, appuyant par son fond sur une troisième banne destinée à recevoir les produits inférieurs du triage. Ainsi qu'il est facile de le comprendre, cette opération consiste à enlever les raisins verts ou inégaux et les grains pourris ou d'une maturité incomplète destinés à un vin inférieur pour le ménage. Les bannes ainsi triées sont transportées au cuvage où commence une seconde opération très-importante.

Elle consiste à verser les bannes sur la grille d'un égrappoir à travers laquelle passent le jus et les grains qui tombent en roulant par un plan incliné sur le-

---

[1] Banne ou benne, mesure de capacité pour la vendange. (BESCHERELLE.)

quel on prévient l'encombrement à l'aide d'un râcloir, dans un récipient où un homme puise sans cesse pour remplir des bannes que deux vignerons vident dans la cuve. L'égrappoir le plus répandu est confectionné en bois blanc : quelques propriétaires égrappent sur les cuves que l'on veut remplir, en couvrant leur orifice d'une grille mobile en fer ou en bois qu'on y place à volonté.

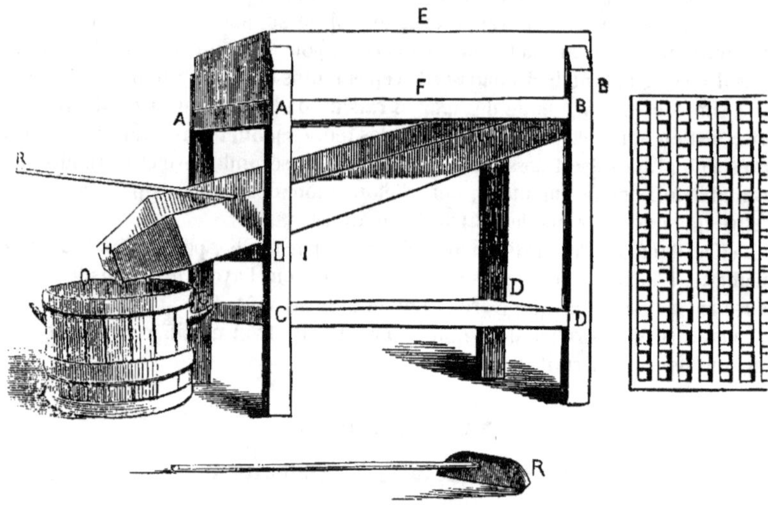

E F cadre où se vide la vendange, hauteur 20 centimètres, largeur sur chaque face 1m,30, épaisseur du bois, 3 centimètres, assemblage à queue.

B la grille (fragment) qui se place au fond du cadre sur un liteau cloué sur les quatre faces. Elle est faite de liteaux de 3 centimètres carrés sur chaque face, entaillés à moitié bois, laissant des carrés vides de 3 centimètres, de telle sorte que le plein est égal au vide. — Cette grille doit être fortement soutenue par une traverse pour qu'elle résiste au poids de la vendange.

B H conche ou conduit incliné, qui est soutenu en B par une traverse, et à l'extrémité inférieure par la traverse I, sur laquelle il doit porter de manière à se vider dans le récipient O. On pourrait toutefois élever les traverses C D pour remplacer la traverse I; la conche appuierait alors sur C. Cette conche doit être exactement de la largeur de la grille afin de recueillir toute la liqueur qui en découle, sans rien laisser perdre.

R R râcloir pour faire glisser dans le récipient la grainaille qui s'accumule dans la conche.

La hauteur totale de l'égrappoir est de 1m,30.

Quand l'opération de l'égrenage est terminée, on lave la grille et l'égrappoir et on les fait sécher.

Le prix de cet appareil est de 45 fr.

La râfle [1] reste à la surface de la grille. — Si quelque raisin a échappé au triage fait à la vigne, il apparaît sur l'égrappoir et on le jette dans les bannes qui contiennent les râfles. Ce travail se fait à la main ou à l'aide d'un râteau à grosses dents qui égrène facilement une vendange bien mûre, par un continuel mouvement de va et vient. On sacrifie ce qui tient à la grappe comme n'ayant pas atteint une complète maturité, sacrifice qui n'arrive guère que dans les années où la coulure a été assez considérable pour rendre inégale la fécondation des ovaires, car ordinairement la grappe reste sinon sèche du moins complétement dépouillée de ses graines. Les ovaires simplement rouges ou inégaux, et, par conséquent, d'une maturité insuffisante, restent adhérents à la grappe : ce fruit, et le jus contenu dans les râfles, ne sont pas complétement perdus; on vide ces dernières sur le pressoir avant qu'ait pu se produire une fermentation qui arrive rapidement, et le vin qui en découle cuve avec le produit du triage. Deux hommes égrappent en un jour 12 pièces de vin : la grappe de ces 12 pièces pro-

---

(1) Râfle, grappe de raisin qui n'a plus de grains. (*Académie.*)

duit près d'un hectolitre de petit vin douceâtre dans les bonnes années et vert dans les années médiocres : dans aucun cas ce n'est pas lui qui aurait pu donner de la qualité au vin. Les grappes sont ensuite mêlées avec la litière et servent d'engrais. En laissant fermenter la grappe, le jus qu'elle contient fait un excellent vinaigre.

L'égrappage ne doit être adopté que dans les pays où le vin a par lui-même une assez grande solidité. En retranchant la grappe du marc, on enlève au vin un principe dont on ne peut pas toujours le priver impunément. L'expérience peut seule apprendre aux propriétaires si leur vendange peut se passer de tout ou partie de la grappe, particulièrement dans les bonnes années, et, si la chose est possible, ils obtiendront un vin moins vert et plus moelleux. A Porto, on n'égrappe que dans les années les moins mûres.

Un autre travail se fait pour ainsi dire en même temps avec le même personnel. C'est celui du vin blanc. On presse la vendange blanche dès qu'elle arrive de la vigne, avant la première fermentation dont un des moindres inconvénients est de donner au vin une couleur roux-foncé, comme la fermentation du vin blanc qui séjourne dans les bannes. Ce vin est sur-le-champ mis en tonneau, où la fermentation le dépouille de sa crasse rejetée en écume par la bonde. Lorsque la fermentation tumultueuse a passé, on bouche légèrement avec un bouchon de liége, ou avec des bouchons de bois percés dans lesquels on place un bouchon de bouteille, si mieux on n'aime employer dès le principe les bondes hydrauliques de Masson-Four. Dans ce cas, le tonneau garde sa lie, mais ne perd point de vin. Ainsi fait, il est aussi bon que celui qu'on laisse cracher, ce qui prouverait, dit Batilliat, que le ferment en excès est neutralisé ou décomposé sans aucun inconvénient. On peut alors se dispenser de remplir, le dégagement de l'acide carbonique étant sensible et son poids interceptant le contact de l'air et du vin. Dans quelques caves, on enlève les lies un mois après pour abattre la fermentation ; dans d'autres, on se borne à soutirer en mars ou en avril, comme cela se pratique pour les vins rouges, afin de ne pas les amaigrir.

Les vases vinaires doivent être préparés et lavés avec le plus grand soin. Cette propreté est l'une des conditions de réussite que l'on obtiendra le plus difficilement dans quelques campagnes, où plus d'un propriétaire ne doit attribuer le mauvais goût de son vin qu'à son incurie. Combien de cuves servent de juchoir ou de garenne pendant 11 mois de l'année !.... Les vases vinaires ne doivent servir qu'à contenir la vendange ou le vin ; tous les ans, ils doivent être soigneusement rincés et écoulés, et les cuves, épongées et séchées ensuite avec du linge, doivent être aspergées à l'eau-de-vie.

Dans presque tous les cuvages on foule les cuves deux fois par jour. C'est un excès de précaution contre l'incurie de quelques vignerons. Le foulage par 24 heures a eu des inconvénients lorsqu'il n'a pas été fait avec toutes les précautions nécessaires. Par exemple, si le matin un manœuvre s'est trop hâté de piétiner la vendange, cette négligence peut être sans conséquence lorsque l'opération se répète le soir, une double immersion étant alors l'équivalent d'une immersion complète. L'expérience a prouvé qu'il en était autrement lorsque le marc, mal plongé, restait ainsi 24 heures en dessus du liquide où pouvait se développer un principe de fermentation, surtout si la cuve était ainsi traitée d'habitude pour avoir plus tôt achevé une tâche importante, mais pénible. — Plongé à deux reprises le même jour, le vin est en outre un peu plus coloré et un peu plus tôt fait. Il n'y a donc pas de règle générale à établir ici, puisqu'un excès de couleur, recherché pour les coupages, peut être un inconvénient dans une boisson destinée à un autre usage, et que les consommateurs à qui s'adresse ce produit peuvent, à un vin couvert, préférer un vin limpide et léger en couleur.

Le système de cuver sans fouler, en sacrifiant la partie supérieure du marc de chaque cuve, n'est plus pratiqué aujourd'hui par les propriétaires de vignes à l'Ermitage. Nous n'avons donc pas à juger ce procédé, puisque nous n'avons entrepris que la description des méthodes qui concernent une localité; nous dirons seulement en passant qu'il expose la masse à un goût de fermentation si tout le *chapeau* n'a pas été parfaitement enlevé à temps; qu'il impose le sacrifice de quelques litres par cuve et devient d'une pratique difficile avec l'usage adopté de laisser cuver jusqu'à extinction de chaleur naturelle.

Les cuveries de Tain sont en général chaudes, bien fermées, plafonnées ou voûtées : le vin y parcourt assez rapidement toutes les phases de la fermentation, sans qu'il soit nécessaire d'écraser le raisin autrement qu'en l'égrappant et de couvrir les vases qui souvent reçoivent de la vendange pendant deux jours et plus, et la cuvent partout à l'air libre selon l'antique usage, reconnu préférable après un essai de tous les systèmes.

Nous nous garderions bien de donner à nos compatriotes le conseil qu'on peut lire dans certains ouvrages : *qu'il vaut mieux que le décuvage soit prématuré que tardif, et qu'il faut décuver dès que la fermentation tend à décroître;* nous exciterions ici un *tolle* général parmi les viticulteurs, qui tous tiennent pour parfaitement acquis que *mieux vaut un décuvage tardif que prématuré.* Cette vérité est à l'égal d'un axiome pour l'Ermitage; elle pourrait bien n'être pas une règle pour tous les vins.

Le vin fait, le marc se précipite au fond de la cuve; si, à cet instant, le chapeau n'avait pas été complètement enlevé, ou si tout au moins on n'avait pas soigneusement éliminé les parties acétifiées, par son immersion il communiquerait au liquide un goût d'acidité que les soutirages fréquents ne feraient jamais entièrement disparaître.

L'Ermitage, selon le crû, la température du cuvage et l'année, selon aussi qu'il est foulé une ou deux fois en un jour, peut cuver de 15 jours à un mois. Un des principaux attributs de ce vin étant sa belle couleur, on prolonge ce terme autant que possible, pour qu'il la possède au plus haut degré, ce qui est très-important si le vin est destiné aux coupages, et ce qui n'est nuisible en aucun cas.

Le moment du décuvage est arrivé, lorsque aucun pétillement ne se produit plus à la surface du liquide, lorsque aucune bulle d'acide carbonique ne s'échappe plus de la masse, lorsque le moût surnage au-dessus du marc et qu'il ne contient plus ni douceur ni chaleur. Telle est probablement la vraie manière de cuver tous les vins généreux; leur conservation est dès lors assurée, tandis que les vins légers, les Beaujolais, par exemple, qui, par leur nature, ne comportent souvent qu'une cuvaison de quelques heures, sont aussi d'une conservation beaucoup plus difficile, surtout sous certains climats. A certaines époques et sous certaines influences, un vin qui a peu cuvé peut reprendre sa fermentation, ce qui est très-rare pour le vin cuvé jusqu'à extinction de chaleur naturelle, ainsi que cela se pratique aujourd'hui pour tous les vins de cette contrée.

Il est important de ne pas mêler au grand vin le dernier qui coule du pressoir, à cause de son âpreté qu'il ne doit point à la présence du tannin. Mais il n'en est pas de même du premier qui sort du marc : c'est celui qui renferme le plus de tannin, principe astringent utile à la conservation du vin. On s'en sert pour remplir les tonneaux, avec la précaution d'en mettre exactement à chacun la même quantité, sans quoi le vin ne serait pas égal. Ce vin n'a pas atteint son dernier degré d'élaboration ; il est trouble et fermente, tout son moût n'ayant pas été décomposé en cuve. Cette fermentation s'accomplira dans le tonneau, qui devra être bouché très-légèrement.

Peut-être n'est-il point inutile de dire à ceux qui, désireux d'avoir un vin plus mûr, voudraient aussi égrapper leur vendange, que le marc dépourvu de grappes, s'il n'est point pressé à un pressoir cylindrique, mais aux vieux pressoirs en bois qui sont encore très-répandus, doit être étagé sur de petites couches de paille, à environ 25 centimètres de distance, pour que le bloc, ainsi lié, demeurant solide, puisse rendre tout le jus qu'il contient.

On ne met jamais l'Ermitage dans de vieilles futailles. L'acide gallique renfermé en grande quantité dans les douves de chêne dont on confectionne les tonneaux, donne au vin un montant qui le fait distinguer du même vin mis dans un vieux tonneau, et lui donne une supériorité marquée. Pour le vin blanc, le mûrier et l'acacia semblent mieux convenir que le chêne.

Pour affranchir les futailles neuves, on verse dans chacune 5 ou 6 litres d'eau bouillante, dans laquelle on a préalablement jeté quelques poignées de feuilles de pêcher, et autant de poignées de gros sel que l'on veut préparer de tonneaux. On laisse cette bouillie 24 heures dans les vases, en les ballottant deux ou trois fois pendant cet espace de temps, puis on remplace cette bouillie par 8 ou 10 litres d'eau fraîche, qui doit y séjourner 24 heures. On rince ensuite et on écoule, puis on lave avec un demi-verre de bonne eau-de-vie.

Les futailles neuves ont une capacité de 206 à 212 litres ; un tonneau d'Ermitage vieux renferme donc 200 ou 200 et quelques litres, après une série de soutirages, le rabattage ayant pour résultat de resserrer les cercles et par conséquent d'en diminuer la capacité. Il serait à désirer que cette jauge, d'un maniement facile, fût généralement adoptée dans toute la France : l'initiative du gouvernement amènerait facilement ce résultat.

§ 2. — Soins donnés aux Ermitage en tonneau.

On a écrit que les soins exigés par les Ermitage étaient nombreux et méticuleux. Rien n'est cependant plus simple et moins compliqué que la tenue d'un vin qu'il faut presque vouloir gâter pour arriver à ce résultat. Elle se borne à deux choses : tenir les tonneaux constamment pleins et enlever la lie une ou deux fois par an, selon l'année et à l'approche des chaleurs.

Chaptal fait concourir trois moyens à la conservation du vin : le soufrage, le soutirage et le collage. L'Ermitage bien cuvé n'a besoin que d'être soigneusement rempli et soutiré. Ces deux opérations sont de rigueur pour tous les vins, et c'est une grave erreur, fort accréditée chez bon nombre de propriétaires, que de croire que les fleurs, espèce de pellicule qui se forme presque toujours à la surface des vins dans un tonneau mal rempli ou mal bouché, ou perdant du vin par une fissure, le conserve [1]. Une altération doit être un mauvais moyen de conservation ; celle-ci nuit beaucoup à la qualité, et son moindre in-

---

[1] Les fleurs sont une agglomération de champignons ; ce cryptogame renferme beaucoup d'azote dont il est facile de retirer de l'ammoniaque en le chauffant avec de la potasse caustique dans un tube de verre.

Cette altération est le prélude de l'acétification.

convénient est de donner un goût d'évent. Il serait temps que les propriétaires de vins communs missent en pratique le principe général posé par un chimiste qui était aussi un viticulteur : « Il n'y a jamais de bon vin dans un vase qui n'est pas plein. » Aucun vin n'a le privilége de pouvoir rester sans péril en vidange, et de ce que des Ermitage seraient restés cinq ans négligés, oubliés peut-être, dans un dock à Londres, sans avoir subi aucune altération, il ne faudrait pas conclure contre la règle, même pour des vins aussi fortement constitués que ceux dont nous parlons.

Quelques personnes prétendent que l'on soufre l'Ermitage. Le mutage ou soufrage est le mélange de l'acide sulfureux avec le vin au moyen de l'introduction, dans un tonneau vide à quart, d'une mèche soufrée en combustion. Pendant que la mèche brûle, on laisse couler le vin par le bas pour attirer, par le vide, les vapeurs sulfureuses. On ferme ensuite tous les orifices et on ballotte le tonneau pour en saturer le liquide qui y est resté. Dans le Midi, cela se pratique en introduisant une mèche dans un tonneau vide ; on verse ensuite un ou deux décalitres de vin ; on brûle une seconde mèche ; on vide encore 15 ou 20 litres, et ainsi de suite.

« Ce procédé, dit Chaptal, est usité dans le Bordelais. On prépare dans le Languedoc un vin appelé *muet*, qui sert à soufrer les autres. Ce moût ne fermente jamais ; il a une saveur douceâtre, une forte odeur de soufre, et est employé à être mêlé avec l'autre vin blanc ; on en met 2 ou 3 bouteilles par tonneau. Ce mélange équivaut au soufrage. On achète ce vin muet pour le mêler avec le vin de Bordeaux, le Benicarlos et l'Ermitage. »

Je ne sais si c'est ce passage de Chaptal qui a fait croire au soufrage des Ermitage, mais à Grenoble, je n'ai jamais pu dissuader un honorable amphitryon et plusieurs de ses convives, non-seulement qu'on ne soufrait pas l'Ermitage, mais que celui qui fut servi, et auquel chacun, d'ailleurs, rendait un juste hommage, n'était trop fortement soufré. J'ignore ce qui se pratique à Bordeaux pour le Claret anglais, mais il est positif que ni propriétaires ni négociants ne pratiquent à Tain cette espèce de soufrage. Si l'on mèche les tonneaux à chaque soutirage, ce n'est point pour soufrer le vin, mais pour sécher le tonneau, et ne pas mêler au vin le peu d'eau qui reste toujours sur la paroi intérieure, même après qu'il a été écoulé. Le soufre en combustion se combine avec l'hydrogène de l'eau et détruit ainsi tout principe d'humidité. C'est ensuite le plus puissant moyen de conserver les futailles vides franches de goût ; séchées ainsi, elles seront utilisées à la récolte prochaine, sans en exposer le contenu à un goût de moisi, à l'acétification ou à toute autre altération. La non-observation de ce procédé simple, facile et peu dispendieux, dans beaucoup de localités, cause aux propriétaires une perte considérable sur le prix de leur vin, ou les oblige de s'abreuver d'un vin annuellement altéré par les mêmes futailles.

On mèche toujours très-faiblement, mais les tonneaux destinés au vin vieux doivent être méchés moins que les autres. Le vin blanc supporte une plus forte mèche. L'excès userait le vin, le décolorerait, et altérerait son arôme, surtout s'il restait en contact avec les vapeurs sulfureuses.

Le soufrage tendant à la conservation du vin, son application à l'Ermitage serait inutile, puisque ce dernier contient en lui des principes suffisants de conservation. On sait assez généralement qu'il résiste aux chaleurs des tropiques, au roulis des navires et à l'odeur infecte de la cale, sans vinage, sans addition d'acide tartrique, sans mutage et sans tous ces autres ingrédients dont le moindre inconvénient est d'être étrangers à la nature du vin, et qu'il rapporte des qualités nouvelles des plus lointaines pérégrinations.

Le vin rouge doit rester 4 ou 5 ans en fût, et le blanc 5 ou 6 ans, avant la mise en bouteilles, selon l'année et le crû. Pendant les deux premières années on fait le remplissage tous les huit jours régulièrement, et on soutire 2 fois en mars ou avril et en septembre, surtout si la récolte est de bonne qualité, un vin corsé déposant plus qu'un vin léger. La troisième année on rifle, pour ne plus remplir qu'une fois par an au soutirage.

L'Ermitage de bonne année se conserve plus de 20 ans sans altération, sans trop se soucier des influences de la climature; il perd ensuite lentement de sa couleur et de sa vinosité [1]. Dans les années les plus médiocres, il se maintient aussi invariablement, sans autres moyens que ceux que nous avons indiqués, pendant que les grands vins d'autres contrées viticoles sont reconfortés ou vinés, tournent ou aigrissent.

Le prix du vin étant nécessairement moins élevé en cercles qu'en bouteilles, il n'est point inutile de dire à ceux qui l'ignorent comment ils doivent procéder lorsqu'ils achètent en fût un vin qui doit y rester deux ans encore. — Placé dans un lieu frais, la bonde légèrement inclinée du côté qui laisse le duzil sur la perpendiculaire abaissée du sommet du fond du tonneau, ce dernier se charge seul de la conservation du liquide qu'il contient pendant un an. Au bout de ce terme, il faut soutirer au clair dans une futaille fraîche et franche de goût, resserrer fortement les cercles par le rabattage pour obvier autant que possible au déchet, transvaser dans la futaille d'expédition rincée et séchée, remplir avec 5 ou 6 litres du même, qu'on a dû se faire expédier en bouteilles avec le tonneau, boucher avec une bonde de bois et replacer la futaille dans sa position primitive pour une année, au bout de laquelle on met en bouteilles.

Le soutirage a pour double effet de combler le vide produit dans un tonneau riflé par l'évaporation, et d'enlever les lies que la chaleur et les orages pourraient agiter dans la masse, ce qui parfois donne au vin un goût de fermentation. On profite de cette occasion pour faire au tonneau toutes les réparations nécessitées par le temps et l'humidité de la cave.

Après avoir rincé le tonneau à la chaîne, on le met écouler pendant un quart d'heure environ, puis on achève de le sécher avec un pouce de mèche aromatisée à la framboise ou à la violette ou de toute autre manière. On l'introduit en combustion par la bonde, au moyen d'un porte-mèche qui se termine par un bouchon qui reste fixé dans celle-ci. On enlève le porte-mèche lorsqu'on suppose la combustion achevée, et les vapeurs sulfureuses commencent à s'échapper peu à peu. Lorsqu'on a entonné le vin, on fait tomber la mousse, en frappant sur le tonneau, pour ne pas laisser d'air en contact avec le vin ; on

---

[1] Les vins du Médoc tendent à la décomposition après la sixième ou septième année; cependant cette règle souffre beaucoup d'exceptions, parce que certains crûs se conservent au-delà de 12 ans. (Cavoleau, pag. 120.)

Les bons vins de côtes...... ne sont mis en bouteille que trois ans après la récolte et ils acquièrent encore de la perfection jusqu'à dix ans. (Cavoleau, pag. 113.)

La plus longue durée des vins de Bourgogne, les plus doués de qualités conservatrices, n'excède guère 12 ou 15 ans, à partir de la récolte.... dès la 2me année de bouteille, les plus robustes ont atteint leur plus haut degré de perfection. (Cavoleau, pag. 67.)

bouche avec une bonde de bois, moins poreuse et plus résistante que le liége à la dent des insectes ; on rifle, c'est-à-dire qu'on incline légèrement la bonde sur le flanc du tonneau, afin que le liquide tenant le bouchon toujours humide, l'air ne pénètre pas dans l'intérieur, et de telle sorte que le second duzil se trouve positivement à la base si le tonneau a déjà été percé deux fois.

Le collage, moyen artificiel de vieillir et clarifier le vin en anticipant sur l'action du temps, n'est guère en usage parmi les propriétaires qui, en général, trouvent que la nature fait aussi bien et mieux que les hommes. Les opinions sont diverses sur son opportunité, surtout pour les troisième et quatrième classes.

Les vins blancs ne se riflent jamais. Ces vins, ne cuvant pas, reprennent de temps en temps leur fermentation, que l'on abat par de fréquents soutirages, dont le besoin est indiqué par un léger pétillement. On doit les remplir tous les huit jours pendant cinq ou six ans, exactement comme on le pratique, pendant les deux premières années, pour les vins rouges. Un remplissage irrégulier entretiendrait et provoquerait une fermentation dangereuse, tandis que la fermentation régulière ronge le sucre et rend le vin sec sans rien lui enlever de la fraîcheur qui le caractérise.

Dans les caves bien tenues, on lave tous les quinze jours les bondes des vins ouillés, avec une éponge imbibée d'eau-de-vie, afin d'en chasser les larves et les insectes qui se nourrissent de la lie formée autour du bouchon, et qui finit par contracter un goût d'acidité.

§ 3. — Mise en verre.

La mise en bouteilles de tous les vins est une opération des plus importantes. Le même vin, mis en bouteilles dans la même année et à différentes époques, offre des différences marquées. Le succès est plus difficile encore pour les vins blancs. Ce n'est pas lorsqu'on en a le temps qu'il faut mettre en bouteilles, c'est lorsque le vin est prêt, c'est-à-dire lorsqu'il n'offre plus aucun indice de fermentation et par un calme assez prolongé pour que toutes les lies folles qu'agitent les tempêtes aient eu le temps de se déposer. Quant à la condition d'âge dont nous avons parlé, mieux vaudrait pour les rouges mettre trop tôt que trop tard en bouteilles. Un an trop tôt, on en serait quitte pour un dépotage un ou deux ans après, et le vin serait plus généreux ; quelques années trop tard, le vin se serait usé en perdant de sa vinosité et de son parfum le plus volatil à travers les pores du chêne. La mise en bouteilles tardive vaut mieux pour les blancs, plus sujets à fermenter. On étage les bouteilles dans un lieu frais, sans humidité, et à l'abri des courants d'air, selon le système connu, en rangs séparés par des liteaux, chaque rang ayant le goulot alternativement contre le mur et à l'opposé.

Tous les vins des environs de Tain ont besoin d'être dépotés avant d'être servis, afin que la lie qui adhère à la paroi du verre ne trouble pas le liquide en se détachant. — On sait que les températures extrêmes nuisent à l'appréciation du vin : le froid et la chaleur neutralisent en partie le bouquet. En hiver, il faut donc lui donner quelques degrés de chaleur sans le rendre chaud, ce qui lui serait encore plus nuisible que le froid, et surtout éviter de le réchauffer avant de l'avoir dépoté : en été, il convient de le rafraîchir sans excès.

VII. — Du vin de l'Ermitage.

§ 1er. — Attributs distinctifs des 3 mas. — Vins secondaires.

Le Bessard produit un vin noir, charnu, avec beaucoup de plénitude et de sève. Il est l'âme des coupages et doit entrer dans une forte proportion dans les vins destinés à cet usage.

Le vin de l'Ermite tient du précédent par la couleur et la vinosité, mais il a moins de moelle et de finesse.

Le Méal donne un vin très-parfumé, riche, fin et moelleux.

Le Greffieux est moins alcoolique que les deux autres; il a une belle couleur et un fumet de violette très-prononcé. Il a, dit-on, le pas sur les deux autres.

Notre intention ne saurait être de trancher ici les questions controversées. Ainsi, est-il ou non nécessaire, pour obtenir l'Ermitage de premier crû, de cuver ensemble, dans des proportions à peu près égales, de la vendange des trois mas? Des expériences auraient été faites; les trois mas d'une même cuvée auraient été mis dans trois cuves séparément et auraient fourni trois espèces de vins inférieurs à ce qu'était ordinairement la cuvée composée des trois mas. De la difficulté de confronter un vin nouveau avec un vin vieux, et surtout de tenir compte de la différence des années, il ne faudrait peut-être pas conclure d'une manière absolue que la combinaison des trois mas ne donne pas un résultat supérieur à celui qu'on obtient en cuvant isolément un seul mas ou deux ensemble.

Quoi qu'il en soit, cette question étant laissée d'ailleurs à l'appréciation des dégustateurs, il est un fait positif, c'est que le consommateur sera bien difficile lorsqu'il ne se trouvera pas satisfait d'un vin de deux mas ou d'un seul et d'une bonne année.

Les combinaisons secondaires elles-mêmes, surtout celles de l'un des mas du coteau avec un ou plusieurs autres, comme celui des Murets, des Diognières ou des Lots de Mercurol, donnent incontestablement un vin très-supérieur que bien peu d'amateurs distingueraient des grands crûs dans les années exceptionnelles. Dans les années simplement bonnes, ce vin est estimé et recherché pour la bouteille; il est moins couvert, moins chaud, moins corsé que l'Ermitage, mais il est fin, agréable, moelleux et parfumé, et plutôt prêt à boire, ce qui n'est point à dédaigner.

De même qu'en Bourgogne tous les vins qui n'égalent pas le Chambertin ou le Clos-Vougeot peuvent aussi être de fort bons vins, de même aussi, dans notre région, les vins classés inférieurement offrent aux consommateurs des qualités incontestables. De même que, dans le Bordelais, les Rauzan et les Lascombe à Margaux, et les Gorze à Cantenac, diffèrent peu des premiers crûs, de même aussi quelques vins d'Ermitage qui empruntent une portion de la vendange qui les compose à Croze, à Beaume ou aux Lots de Mercurol, reproduisent, quoique à un moindre degré, le cachet particulier des grands crûs de l'Ermitage.

J'insiste sur ce point, qui me paraît important pour ceux qui, sans parti pris et sans avoir aucun intérêt en jeu, concluent de la contenance restreinte du coteau proprement dit, qu'il est très-difficile de se procurer le vin qu'on y récolte réellement, et qu'en dehors de ses limites rien n'est digne et remarquable, double erreur également préjudiciable aux producteurs et aux gourmets, mais qu'il importait peu aux uns et aux autres de dissiper lorsque les coupages réclamaient les 1ers, les 2mes, les 3mes crûs et bien d'autres encore.

Il serait bien plus difficile d'obtenir du Château-Lafitte, médaillé au concours agricole universel de Paris, que de l'Ermitage de bon crû, non-seulement parce que le Lafitte ne produit en moyenne que 135 tonneaux, mais surtout parce qu'il est presque entièrement exporté, et que la cessation des coupages rend l'Ermitage en grande partie à la consommation nationale.

En-dessous des vins provenant de la vendange du coteau de l'Ermitage et de l'un ou de plusieurs des quartiers secondaires que nous avons désignés, nous trouvons encore des vins fort estimables comme grands vins et dont la réputation n'est pas entièrement à faire : ce sont, entre autres, le Croze, le Mercurol, les vins d'Erôme, de Larnage et de St-George; et le Chàssis-Coteau lui-même, dans les bonnes années, ne trouve-t-il pas sa place parmi les vins fins?

Si tous les vins du canton de Tain, comme en Bourgogne et dans le Bordelais, portaient une seule et même dénomination, sauf une classification par ordre de mérite, peut-être n'aurait-on pas si facilement exploité contre lui-même et contre ceux qui l'entourent l'exiguité du coteau proprement dit. Mais, au lieu de servir à faire connaître ses illustres voisins, l'Ermitage semble n'avoir travaillé qu'à étendre sa propre gloire. Drapé dans sa grandeur et son isolement, sa réputation est restée stationnaire, exposée aux traits acérés de ses détracteurs; et ainsi il a été puni de son orgueil et de son égoïsme.

L'Ermitage n'a rien à perdre à laisser les vins secondaires se produire pour ce qu'ils sont : l'infériorité fait ressortir la supériorité, comme la laideur donne du prix à la beauté, et ce n'est pas pour nuire aux intérêts de l'humanité, quels qu'ils soient, mais pour les servir dans toutes les conditions, que la nature, en variant ses produits, les a rendus accessibles à toutes les fortunes.

Loin donc de déguiser les mélanges des divers quartiers, attirons sur eux l'attention des dégustateurs, et prions-les d'établir sérieusement un parallèle verre à verre entre eux et beaucoup de vins fins des meilleures origines.

La multiplicité des combinaisons des diverses cuvées établit dans la qualité une multitude de nuances; elle semble se conformer à la variété de nos désirs et convier tous les goûts. Si parfait que soit un vin, un autre pourrait lui être préféré encore, et elle serait vaine et ridicule la tentative qui, voulant uniformiser les besoins de nos estomacs, prétendrait réduire le goût à un seul diapason.

Un vin généreux au suprême degré ne convient guère à un tempérament nerveux ou délicat; mais, rendu plus léger par l'addition d'une vendange d'une bonne origine et d'une maturité parfaite, soumise au triage et à tous les autres procédés que nous avons indiqués, il peut offrir à tout une catégorie de consommateurs, avec un agrément incontestable et moins de vinosité, un principe tonifiant et salutaire, sous l'arôme spécial qui est le trait distinctif et inimitable des vins de l'Ermitage.

§ 2. — Qualités propres au vin de l'Ermitage. — Opinions de divers auteurs.

Comme tous les vins doués d'une longue conservation, l'Ermitage a le défaut de ne développer qu'à la longue la richesse de son arôme et de sa couleur. Les crûs inférieurs, toutefois, tout en offrant des conditions de durée au moins égales à celle des meilleurs crûs de Bordeaux et à celle des *têtes de cuve* de la

Bourgogne, peuvent se mettre en bouteille, comme ces dernières, au bout de trois ans.

En nouveau, l'Ermitage est d'une appréciation difficile : sa robe à part, il n'offre guère de particulier que son goût d'amer, assez saillant dans les grandes années, qui est un signe de qualité, et qui, en se modifiant avec l'âge, lui reste toujours un peu, comme un trait distinctif et inimitable. La falsification a pu imiter avec plus ou moins de succès le caractère particulier des autres vins, mais, pour peu qu'on soit habitué à celui-ci, ce cachet d'amertume, que des substances étrangères n'imitent que grossièrement, fait facilement discerner le vrai du faux.

En vieux, Cavoleau le caractérise ainsi dans sa statistique couronnée à l'Institut : « C'est peut-être celui de France qui est le plus riche en couleur vive et naturelle, en parfum agréable et en plénitude. Il n'est ni violent *ni capiteux*, comme le sont ceux du Midi ; mais il a la force nécessaire pour le rendre stomachique. »

A l'encontre de l'opinion de Cavoleau et de ceux qui pensent que l'Ermitage entête passagèrement par la force de son arôme plus que par son alcool, on lui a reproché d'être capiteux. — Si l'on admet qu'un vin est d'autant plus capiteux qu'il renferme plus d'alcool, les chiffres donnent raison au docteur Cavoleau, par comparaison avec des vins admis sans objection, comme le Bordeaux et le Bourgogne. En effet, le tableau de la quantité d'alcool à 49 degrés (19 de Cartier), retirée de 100 parties en volume de chacun d'eux, d'après Julia Fontenelle, donne 13° 90 d'alcool à l'Ermitage, 13° 73 au Bordeaux, et 14° 75 au Bourgogne (¹). La comparaison entre des Beaujolais et des crûs inférieurs d'Ermitage a même donné aux premiers la supériorité sur les seconds pour la quantité d'alcool, soit que sa présence y fût naturelle, soit qu'elle eût été nécessitée, dans les Beaujolais, par l'intérêt de leur conservation, ce dont est toujours dispensé l'Ermitage, dont le rôle a été, trop longtemps pour sa réputation, de couper et reconforter des vins moins solides que lui.

Nous n'avons point assez d'autorité pour intervenir dans une aussi grave discussion par notre propre opinion. Après celle du docteur Cavoleau, nous nous bornerons à invoquer celle du Comité des vignerons français et étrangers, et celle du comité de dégustation du Congrès de Lyon.

De tels arrêts font foi en cette matière. Nous ferons, pour notre part, une seule observation : c'est que nous n'avons pas seul assisté, dans plusieurs circonstances, au drôlatique triomphe de certain vin qui obtenait unanimement la palme de nombreux convives, sur tous ses rivaux, jusqu'au moment où, cédant à la sollicitation générale, son nom lui étant rendu, un morne silence, je dirais presque un visible et profond repentir, terminait brusquement l'acclamation générale.

C'est que les préventions plus ou moins accréditées contre lui sont plus anciennes que Boileau ; et, ce qu'il y a de plus étonnant, c'est que le peu de sincérité des nombreux Crenet, qui ont entrepris, sous son passeport, d'amasser une fortune peu honnête, n'ait pas nui davantage à sa réputation.

Jugé sur sa valeur personnelle, en dehors de toutes ces préventions, et con-

---

(¹) De ce que le Bourgogne, qui renferme plus d'alcool que l'Ermitage, se conserve moins que celui-ci, il semble qu'on devrait conclure que l'alcool n'est pas l'unique principe conservateur du vin.

curremment avec les grands crûs français, l'Ermitage a obtenu une grande médaille d'or en 1856 au concours agricole universel de Paris. Le groupe, représentant les premiers crûs du vignoble, exposé sous les nos 2303 à 2306, a été admis *ex æquo* avec ceux des grands crûs de Bordeaux et de la Bourgogne, à l'une des quatre grandes médailles dont la quatrième a été attribuée à un produit exceptionnel [1].

Dans les expositions départementales, une grande médaille d'or a également été obtenue à Valence pour les vins rouges, et une autre semblable à Privas pour les vins blancs, au concours régional agricole de 1856.

Il n'est pas douteux que la loyauté, qui de plus en plus tend à s'introduire dans toutes les transactions, a fait ici des progrès en raison directe des abus d'autrefois, et de la nécessité de les réformer, et qu'il est désormais permis aux consommateurs d'espérer sérieusement de ne plus recevoir

> Un Auvergnat fumeux ou tout autre lignage
> Livré par trop souvent pour vin de l'Ermitage.

Pour compléter cette œuvre de réhabilitation, il serait bon peut-être que les propriétaires aussi lui apportassent leur concours, et que, écoutant le conseil désintéressé de l'honorable rapporteur du congrès de Lyon, ils étudiassent les moyens à adopter pour rétablir une réputation attestée et consacrée par des autorités qui font foi dans la science œnologique.

M. Victor Rendu, inspecteur général de l'agriculture, fait en ces termes la description de ses principaux attributs : « Le vin rouge de l'Ermitage, l'un de nos vins les plus riches en couleur vive et purpurine, se distingue surtout par un bouquet spécial que nul autre vin du Rhône ne peut lui disputer. C'est un vin généreux, plein de délicatesse et de moelle, et réunissant à un haut degré les qualités d'un vin parfait : couleur, odeur et saveur........

Quant aux vins blancs de l'Ermitage, les gourmets les prisent ce qu'ils valent. Cavoleau les regarde comme les premiers vins blancs de France ; d'après Julien, ils sont corsés, spiritueux, pleins de finesse, d'agrément, de sève et de parfum, et ils acquièrent beaucoup de qualité en vieillissant : sous ce dernier état, ils se rapprochent des vins vieux d'Espagne. » (*Ampélographie française*, 2e édit., pag. 130.)

Nous laisserons encore à Cavoleau le soin de caractériser l'Ermitage blanc. « Le goût, dit l'auteur de l'Œnologie Française, peut préférer d'autres vins aux rouges; mais celui-ci est certainement le premier vin blanc qu'il y ait en France. Sa couleur est un jaune paille; son parfum est des plus agréables et n'a point d'analogie avec les autres vins blancs connus. Il est moelleux et riche de goût. Il fermente pendant un ou deux ans; et, comme vin de luxe, il ne doit jamais être livré à la consommation que sa fermentation ne soit parfaitement éteinte...... Sa réputation est universelle, et sa durée se prolonge beaucoup au-delà de celle du vin rouge. Il se conserve *pendant un siècle au moins* sans éprouver la plus légère altération ; cependant son parfum et son goût changent, et, lorsqu'il est parvenu à l'âge de 25 ou 30 ans, il se rapproche du caractère des vins vieux d'Espagne. »

---

[1] Les deux autres médailles décernées aux deux autres grands crûs français ont été attribuées, l'une au Clos-Vougeot, l'autre au Château-Lafitte.

M. Puvis dit à son tour : « La durée de ces vins est très-grande ; le vin blanc, dit-on dans le pays, dure toujours, du moins on ne le voit pas s'altérer par vétusté ; la durée du vin rouge est aussi très-grande ; nous en avons bu qui, suivant toute vraisemblance, remontait à un siècle, et qui a conservé sa qualité.

» Outre son parfum d'une plus grande finesse, ce vin est plus doux que la plupart de ceux de la Côte-du-Rhône, et semble réunir toutes les qualités qu'on prise le plus dans les vins : *parfum, chaleur modérée, durée, salubrité.*

....

» En résumé, pour dire toute notre pensée sur le produit de ce grand vignoble, son vin rouge peut le disputer, pour sa qualité et tous ses agréments, aux vins les plus renommés, et son vin blanc serait peut-être, pour le parfum et la suavité, supérieur à tous, même au Tokay. »

§ 3. — Appréciation du Congrès vinicole de Lyon en 1846.

A l'appréciation des vins de l'Ermitage faites par les œnologues que nous avons cités, appréciation que justifie d'une manière si éclatante la distinction honorifique dont ils ont été depuis l'objet au concours universel de Paris, nous devons joindre le jugement porté sur eux par le Congrès de Lyon : nous le résumerons dans le but d'achever de détruire, dans les esprits sincères, le discrédit jeté sur eux par la vente, faite sous son nom, des vins les plus médiocres.

On sait que les congrès vinicoles ont pour but de décrire et de discuter les méthodes de viticulture et de vinification de toutes les contrées, de les comparer, de les juger, et de les consigner dans des actes formant une précieuse collection de mémoires, un corps de doctrine où les viticulteurs et les œnologues de tous les pays peuvent puiser les connaissances pratiques relatives à leur région et à leurs cépages.

Les congrès mettent en communication les agriculteurs éminents des diverses nations, et convient à leurs travaux, non-seulement les membres adhérents, mais tous ceux qui s'intéressent aux progrès agricoles. C'est là qu'ils se communiquent leurs découvertes, leurs revers, leurs succès, dont la presse consent difficilement à devenir l'écho, plus dévouée aux productions littéraires et scientifiques qu'aux travaux plus utiles mais plus modestes du laboureur.

Les Allemands sont les véritables fondateurs des congrès agricoles : « En 1839, dit M. Sauzey, les Allemands se mettaient à l'œuvre et se formaient en congrès à Heidelberg, dans le grand duché de Bade, autour de ce tonneau fameux de 2192 hectolitres dont les romanciers et les poètes ont célébré le vin de 120 ans. Ce fut une véritable fête nationale dont les plus grands propriétaires, les savants, les magistrats et le prince lui-même, contribuèrent à rehausser l'éclat. Depuis lors elle s'est renouvelée chaque année sans interruption : Mayence, Wurtzbourg, Manhein et successivement toutes les capitales vinicoles de l'Allemagne, ont réclamé et sollicitent encore l'honneur de devenir le siége d'une session du Congrès des vignerons. »

L'Italie, dans ses nombreux congrès vinicoles, à Naples, à Milan, dans toute la Toscane, décerne des récompenses honorifiques, des primes d'encouragement, pour entretenir une salutaire émulation entre ses nombreux viticulteurs, et la *Classe d'agriculture* de Genève se livre avec persévérance à l'introduction des meilleurs cépages et au perfectionnement de ses méthodes de vinification.

La France, que l'excellence de sa production œnologique aurait dû la première enrayer sur la voie, a su du moins imiter. Les hommes les plus haut placés dans la science et le commerce, les principaux propriétaires, œnologues et vignerons du Bordelais, de la Bourgogne, de la Champagne, de la Provence, des bassins de la Loire et du Rhône, une foule d'agriculteurs éminents, français et étrangers, se sont réunis, par l'initiative de la Société industrielle de Maine-et-Loire, pour constituer la série des congrès annuels français.

C'est à Angers, en 1842, qu'eut lieu le premier Congrès de vignerons. Les Congrès de Bordeaux en 1843, de Marseille en 1844, de Dijon en 1845, ont successivement acquis un développement plus important. Celui de Lyon (1), dans lequel nous recueillons les documents relatifs à l'Ermitage, constitua, en 1846, ses trois sections de viticulture, d'œnologie et de pomologie, sous le patronage de quatorze Comices ou Sociétés d'agriculture, avec l'appui bienveillant des fonctionnaires de l'ordre le plus élevé.

Excursion scientifique au coteau de l'Ermitage. — A peine constituée, la section de viticulture nomma une commission de six membres (2) pour visiter le coteau de l'Ermitage et étudier, dit le rapporteur dans un intéressant récit consigné dans les actes du Congrès, l'éminente production dont ce dernier avait voulu connaître l'*état bien réel.*

Nous nous bornerons aux extraits les plus saillants, pour donner une idée de l'appréciation qu'elle fit de cette production étudiée sur les lieux mêmes.

« Quelque intéressants et utiles que soient vos travaux de cette année, il semble que le Congrès vinicole de 1846 fût demeuré inférieur à ceux qui l'ont précédé si, fidèles à d'excellentes traditions, vous n'eussiez profité de votre séjour dans cette belle contrée pour visiter, étudier et glorifier quelques-uns des vignobles magnifiques dont elle est littéralement couverte. Vos regards indécis se portaient alternativement des doux et paisibles rivages de la Saône aux coteaux majestueux du Rhône, tous distingués, que dis-je, tous célèbres et dignes de leur grand renom. Le plus grand de tous, l'Ermitage, fut enfin choisi, bien que l'entreprise offrît quelques difficultés.............

» La réputation qu'obtiennent les produits plus considérables des successeurs du chevalier de Stérimberg, peut tenir au sol, à l'exposition parfaite du petit vignoble; mais cela n'explique pas le choix remarquable, l'association savante des trois ou quatre cépages de premier ordre qui couvrent exclusivement le coteau, et qui donnent l'un des meilleurs vins du monde. Quels doctes vignerons, quels artistes ont donc passé par là? Ce mariage royal (de Charles V, 1er dauphin de France, avec Jeanne de Bourbon, en 1350, dans l'église du prieuré de Tain) va nous l'apprendre, Messieurs. L'église, le prieuré de Tain appartenait aux enfants de St-Benoît et de St-Bernard, illustres auteurs d'œuvres importantes, parmi lesquelles, de toute équité, nous classons, nous autres, les plus célèbres vignobles bourguignons. A ce prieuré se rattachait une portion du vignoble, et de tels maîtres ont dû nécessairement appliquer leur savante expérience, leur

---

(1) Le bureau du Congrès de Lyon était ainsi composé : MM. Jayr, pair de France, conseiller d'État, préfet du Rhône, et Therme, maire de Lyon, député du Rhône, présidents honoraires; MM. Guillory, d'Angers, et Sauzey, conseiller à la cour royale de Lyon, présidents; M. de Bénevent, vice-président; MM. Peyré et Mouchon, secrétaires; MM. Duquaire, trésorier, et Potton, secrétaire général.

(2) La commission nommée pour visiter le vignoble se composait de MM. Buy, Lable de Valentiers, Puvis, Sauzey, et Louis Leclerc, rapporteur.

habileté pratique, dans la recherche, le choix, l'appropriation et la combinaison des cépages précieux que nous allons bientôt examiner.

....

» Indépendamment des recherches scientifiques sur les phénomènes de leur climat, nous ferons observer aux intelligents propriétaires de l'Ermitage que leurs précieux liquides méritent bien l'honneur d'être étudiés par la science, comme l'ont été ceux de la Bourgogne et du Bordelais.

....

» Le vin rouge des récoltes d'élite est toujours immédiatement enlevé, et quelquefois à très-haut prix (en 1835, 1,000 fr. les 210 litres) par les bonnes maisons du Bordelais. Ceci n'est pas un secret que nous aurions le regret de trahir; Jullien, le comte Odart, les meilleurs œnographes, une foule de mémoires imprimés, en parlent comme d'un fait notoire; ils font plus, ils l'approuvent; et certes, nous ne pousserons pas non plus le puritanisme œnologique jusqu'à blâmer l'addition d'une faible partie de vin parfait pour compléter les mérites incontestés d'un vin délicieux. Les mélanges ne sauraient être blâmables et réputés dangereux que quand ils sont opérés sans discernement, ou pour violer la loi, ou pour voler le consommateur..............

» Quoi que l'on puisse penser à cet égard, ce n'en est pas moins un immense honneur pour l'Ermitage que d'améliorer les meilleurs vins du monde! Honneur soit, mais bien cruel en définitive, car peu de mortels, hélas! savent au juste ce que c'est que le grand Ermitage des grandes années. »

Après avoir constaté le discrédit qui a frappé cette production, le rapporteur du Comité des vignerons continue en ces termes : « Les honorables viticulteurs » de Tain pourraient chercher et peut-être découvrir quelque combinaison à » l'aide de laquelle il ne serait pas impossible de rétablir cette haute réputation » près des véritables appréciateurs. »

....

» La fête devait être complète : M. le Maire avait voulu que les dernières cérémonies se célébrassent officiellement chez lui. Or, nous l'avouons, en entrant dans le sanctuaire, nous vîmes l'autel chargé de tant et de si intéressantes victimes, qu'une secrète inquiétude s'empara de nous et ébranla presque nos courages. Cependant le sacrifice s'accomplit à la satisfaction générale, et ce fut une rare et curieuse révélation, une circonstance unique peut-être dans son genre; car, qui pourrait se flatter de faire jamais une étude aussi variée, aussi complète, de vins tenant une telle place parmi les plus grands vins, et dans des conditions d'authenticité semblables, et sous des professeurs pourvus d'un tel savoir? Chacun d'eux avait fouillé les coins et recoins, le sable, et sous le sable de son cellier, pour que rien ne manquât aux démonstrations. Le jeune, le vieux, le très-vieux, le plus que centenaire même, ont comparu tour à tour, étalant à l'envi le grenat et les topazes, prodiguant les plus exquises saveurs, exhalant les plus doux parfums.

....

» Une dernière observation, Messieurs, vous fera juger l'*innocuité parfaite* de ces vins, *que mal informés ou trahis, beaucoup d'amateurs aujourd'hui croient capiteux*. A l'issue du banquet, nous avons parcouru 80 kilomètres en poste, et, jusqu'à Lyon, sans faiblir un instant, la conversation a roulé sur divers points de linguistique; la discussion s'est même ouverte et prolongée sur plusieurs questions d'économie politique et agricole fort graves. De retour vers minuit, nous entrions huit heures après dans la salle de vos séances, bien reposés, *la bouche fraîche, la tête parfaitement libre*, et de bonne humeur. Quels vins, Messieurs, que les grands vins de France! car eux seuls peuvent sortir victorieux d'une telle épreuve. »

Des vins furent remis à Tain, par les propriétaires, aux membres du Comité des vignerons, pour être soumis à l'appréciation d'un comité spécial de dégustation, composé d'hommes d'une haute aptitude œnologique, dont l'arrêt, formulé en dehors de toute idée de spéculation, a tout le prix du talent exercé dans les plus parfaites conditions d'authenticité.

Laissons encore le rapporteur du Comité de dégustation décrire les phases de cet intéressant travail, résultat *d'une étude attentive, réfléchie, raisonnée....... l'un des actes principaux du congrès.* — Disons seulement que le crû qui a obtenu l'éminente distinction accordée par le jury du Concours agricole de Paris n'était pas représenté parmi les échantillons soumis à la dégustation, ce qui prouve une fois de plus que les grands crûs sont nombreux à l'Ermitage.

Jugement du Comité de dégustation. — « Le petit tribunal que vous avez chargé d'instruire tant de causes intéressantes, dit l'honorable rapporteur, a étudié de son mieux les pièces du procès; je viens soumettre son avis à votre haute sanction (¹).

» C'est à table, cette fois, que nous avons cru tenir les assises : dans notre pays, c'est là seulement que comparaissent les beaux produits de la vigne; autrement, le goût, qui a aussi ses habitudes, se trouve dérouté, se fatigue, et ne donne que d'insignifiantes réponses, à moins qu'on ne soit commerçant et livré journellement à une expérimentation forcée, laborieuse, et dès lors sans attrait.

» Pour le simple amateur, il ne comprendra jamais les vins que présentés dans l'ordre consacré par l'usage, en leur lieu, et suivant la nature des aliments dont ils semblent l'accompagnement harmonieux. Nous avons élu pour président de nos festins, très-modestes au fond, un de nos plus chers collègues, d'une expérience consommée, d'un esprit enjoué et gracieux, capable à plus d'un titre de tenir la police de ces aimables audiences que sont venus charmer parfois, et sous prétexte de faire leurs études, plusieurs suppléants plus habiles qu'ils ne voulaient bien le paraître.

» De vifs et unanimes remerciements ont été votés à M. Sauzey, qui a si sagement dirigé les débats. Un humble greffier placé près de lui, et dans le secret des noms, âges et provenances, écrivait le résumé des opinions, qu'il vérifiait fort assidûment.

» La commission que vous avez envoyée à Tain vous a raconté, Messieurs, le brillant et cordial accueil qu'elle y a reçu, et les expérimentations magistrales auxquelles on s'est livré sur les magnifiques vins de l'Ermitage. Quelques-uns de nos aimables hôtes ont voulu que le Comité de dégustation pût étudier plus posément plusieurs produits de premier ordre.

....

» Il se trouve que, tout en rendant des arrêts, vous êtes assez heureux pour rendre, en beaucoup de cas, des services de bon aloi, que vous pouvez contri-

---

(¹) M. Leclerc était rapporteur du Comité de dégustation. Les vins étudiés provenaient du Beaujolais, de la Bourgogne, de l'Ermitage, du Lyonnais, du Mâconnais, des Côtes du Rhône, etc., et formaient une collection de 60 échantillons.

buer à étendre la réputation des liquides qui méritent d'être universellement appréciés, et, de la sorte, faire naître parmi les producteurs une très-utile émulation. »

Le rapport donne ainsi le résumé des opinions sur chaque spécimen :

» *Ermitage* 1832 : couleur, finesse, délicatesse, arôme suave et prolongé. — C'est parfait.

» *Ermitage blanc* : âge inconnu. — Ce vin de paille, liquoreux, d'une grande finesse, a atteint la plus haute perfection du genre : — Mérite, valeur inestimables.

» *Ermitage* 1834. — L'année 1834 a eu de la peine à se compléter, mais elle n'en réunit pas moins maintenant les qualités et le caractère propre de ce grand vignoble. — *Excellent*, voilà le mot qui a été répété d'une voix unanime.

» *Ermitage blanc et rouge* 1832. — On reconnaît la supériorité de l'année. — Le rouge est d'une richesse d'éléments admirable ; le goût, le moelleux enchantent ; — l'arôme se développe à l'arrière-bouche et *demeure*. — Vin magnifique. — Ce qui a le plus frappé dans le vin blanc, c'est la beauté et l'exaltation du bouquet, bien distinct ici de l'arôme, caractères que confondent à tort quelques œnologues [1]. — Ce vin blanc est d'une rare beauté.

» *Ermitage* 1834 : charmante douceur, bouquet extrêmement suave ; la robe la plus riche ; — un vin plein de corps et de vigueur, un grand vin.

» *Ermitage* 1830 : finesse, délicatesse extrême ; arôme riche et prolongé. — Une couleur superbe. — On l'a caractérisé : *Vin de bonne, de noble maison*.

» *Ermitage blanc* 1836 : très-belle couleur, limpide à ravir ; de la sève, de la vivacité ; un goût délicieux. — Il doit gagner encore en perfection.

» *Ermitage blanc* 1834 : vin spiritueux et corsé, plein d'agréments, de sève, et d'arôme persistant. — C'est délicieux de tout point.

» Il faut se répéter, Messieurs, quand on parle des qualités supérieures des vins de l'Ermitage ; mais ils ont surtout en commun une beauté, une richesse de couleur qu'on ne saurait trop louer. — L'arôme, en général, qui affecte et charme l'arrière-bouche, s'y prolonge et la parfume pour longtemps. — Ces vins savoureux et énergiques n'ont point de rivaux dans leur genre ; le goût, le caprice, peuvent préférer d'autres vins, *les vrais amateurs placeront toujours l'Ermitage authentique et des meilleures provenances au rang des premiers vins du monde.*

» Tel est, Messieurs, l'avis du Comité sur les vins envoyés au Congrès ; leurs auteurs méritent nos plus cordiales félicitations. — Je ne me pardonnerais pas d'oublier un fait qui leur sera sans doute agréable : c'est qu'à l'exception d'un produit, sur lequel le Comité n'a pu tomber d'accord (non qu'il fût mauvais, mais sa préparation semblait équivoque à quelques-uns), aucun vin n'a été re-

---

[1] Le bouquet, l'arôme et la saveur, sont trois propriétés bien distinctes qui caractérisent les diverses variétés de vins. — Le bouquet ne peut être produit que par la réaction des principes constituants de quelques vins qui manquent dans d'autres, ou qui s'y trouvent masqués par certains corps prédominants ; en un mot, le bouquet ne préexiste pas dans le raisin.

L'arôme, au contraire, préexiste dans le raisin. Par exemple, un raisin *muscat* donne d'avance au goût l'arôme du vin *muscat*.

La saveur est ce principe qui n'est pas l'arôme et que cependant on ne confondra pas avec le bouquet ; insensible à l'odorat, il se développe dans la bouche, il parle fortement au palais ; c'est le cachet éminemment distinctif des vins de Bordeaux.

(*Extrait des Actes du Congrès vinicole de Lyon.*)

jeté. Tous, à des titres divers, ont paru dignes d'étude, dignes d'estime, dignes d'éloges. Que l'on encourage cette grande production, et elle sera longtemps encore, vous le voyez, la richesse et la gloire de notre pays. »

§ 4. — Vin de paille.

Lorsque le travail de la maturation s'est accompli dans d'assez bonnes conditions pour donner l'espoir d'une qualité supérieure, on choisit à l'Ermitage, et particulièrement sur les coteaux de Beaume, de Rocoule et des Murets, les roussannes les plus mûres que l'on transporte à bras sur des brancards. Les uns les étendent délicatement sur de la paille ; le plus grand nombre les suspend deux à deux par des fils sur des lattes, où elles se font contre-poids. Rarement on les a laissées passeriller à la souche, où les insectes et les intempéries en détruisent une partie. Déposées dans une ou plusieurs pièces sèches et aérées, chauffées ou non, elles restent ainsi pendant trois mois environ, si l'évaporation de la partie aqueuse a lieu sans chaleur artificielle. Pendant ce temps on les garantit des ravages des souris et des guêpes, qui en sont très-friandes, et de l'humidité, qui engendre la moisissure, autre déchet qui pourrait aussi donner un mauvais goût au vin, si elle acquérait de grandes proportions.

La grappe desséchant comme le grain, il n'y a aucun inconvénient à la laisser dans la pressée, qui serait plus difficile à sécher si on égrenait les rafles. Le jus fourni par cette vendange étant gras et épais, coule lentement, et une semaine est ordinairement nécessaire à sa complète extraction.

Le vin de paille, ou couleur paille, renfermant beaucoup de sucre, fermente longtemps. Il est donc nécessaire de boucher très-légèrement les futailles qui le renferment, et de ne jamais rifler. Il faut dans tous les cas recouvrir la bonde de telle sorte que les rats, qui le recherchent beaucoup, ne puissent l'atteindre et surtout s'y noyer.

Son déchet est des deux tiers, c'est-à-dire que trois pièces de vin blanc fournissent une pièce de vin de paille dans les conditions requises. Les frais qu'il nécessite, l'abondance de sa lie et la prolongation de sa fermentation, qui oblige à le laisser longtemps en cercles, augmentent encore son prix, qui en fait un breuvage uniquement réservé aux tables les plus opulentes.

C'est un vin de dame et de dessert, fort apprécié en Pologne et en Russie, où il s'en fait une assez grande consommation. Sa finesse, sa chair et son parfum le distinguent de tous les autres vins liquoreux. « L'Ermitage-paille, dit le docteur Cavoleau, est sans contredit le premier des vins blancs de liqueur. » Il a, comme les liqueurs, le précieux avantage de se conserver longtemps dans une bouteille entamée, droite et médiocrement bouchée, et a de plus qu'elles le mérite d'être un produit purement naturel, sans aucun mélange de substances étrangères, ce qui n'est point indifférent pour tous les estomacs. Il doit être tenu droit dans un lieu très-frais; cependant nous avons vu quelques consommateurs, qui le matin en font usage pour attendre plus patiemment l'heure éloignée de leur dîner, le tenir seulement dans un placard, où il se conservait sans altération. Sa durée est plus que séculaire. On en fait une petite quantité seulement, on pourrait en faire beaucoup plus si son prix n'en restreignait la demande, et surtout si la masse des consommateurs était assez exercée pour apprécier ce qui le distingue des autres liquoreux que le commerce peut livrer à des prix beaucoup inférieurs.

« Fait dans les conditions qui assurent sa réussite, dit M. Rendu, le vin de paille de l'Ermitage est un de nos meilleurs vins de liqueur ; son prix, nécessairement fort élevé, en restreint beaucoup la consommation et le range parmi les vins de luxe exceptionnels : sa conservation est, pour ainsi dire, illimitée. » (*Ampélographie française*, pag. 129.)

VIII. — Des vins des environs de l'Ermitage.

§ 1er. — Des vins et des vignobles de Croze, Mercurol, Gervans, Châssis, etc.

Les cépages, la culture et les procédés de vinification étant les mêmes dans tout le canton de Tain, pour ce qui concerne les plants fins rouges et blancs, nous nous en référons à ce qui en a été dit à propos de l'Ermitage. Nous ne nous occuperons pas non plus des vins produits par la grosse Syra, qui, dans la plupart des années, sont fort ordinaires, mais dont les propriétaires qui tiennent à tirer de leur vin tout le parti possible, font un excellent vin pour le ménage, en lui appliquant, comme au grand vin, les procédés d'égrappage, de soutirage et de remplissage avec la plus grande exactitude. C'est ainsi que nous voudrions voir améliorer partout ce produit des vins communs qui tient de si près à la santé publique et qui est si généralement négligé dans les campagnes, que les meilleurs procédés semblent n'avoir pas été inventés pour lui. Leur avantage est cependant si incontestable, qu'aucun des grands propriétaires ne les néglige ici, même pour la vendange de la plus basse origine. C'est ainsi qu'ils arrivent, avec les mêmes éléments que leurs voisins, à être parfaitement abreuvés, tandis que ceux-ci le sont le plus souvent d'une manière détestable. Moins un produit offre de perfection par lui-même, plus il a besoin de soin pour son amélioration et sa conservation : personne ne conteste cette vérité banale, mais elle paraît encore bien loin de devenir pratique.

Des renseignements inexacts ont fait écrire au docteur Cavoleau que les cépages blancs de Croze différaient des nôtres. Nous aimons à croire qu'ils n'étaient que le résultat d'une erreur involontaire de la part de ceux qui les ont donnés; ces inexactitudes sont d'ailleurs inhérentes pour ainsi dire à un travail d'ensemble rédigé sur des renseignements statistiques fournis par des correspondants qui souvent ne craignent pas de les donner sans les bien connaître eux-mêmes. Aucun cépage blanc, autre que les roussannes et les marsannes, n'est cultivé dans le canton pour les vins fins; seulement, les roussannes peuvent ne pas dominer dans un grand nombre de plantations, à cause de leur produit restreint.

Pour donner une description complète des terrains dans lesquels sont récoltés les vins dont nous allons parler, il faudrait un espace égal peut-être à celui qu'occupe ce travail tout entier. Dans la même commune et dans le même quartier, nous trouvons plusieurs natures de terrains dont une description longue et compliquée deviendrait fastidieuse et fatigante, surtout à la classe intéressante des hommes pratiques, peu familiers la plupart au langage de la chimie et de la géologie, auxquels s'adressent plus spécialement les développements que nous exposons. Nous nous bornerons donc aux indications sommaires qui peuvent venir en aide aux viticulteurs dans le choix des cépages : la main qui sait planter la vigne sait mal tenir le livre qui traite des changements successifs opérés dans les règnes organique et inorganique de la nature.

Entre Andancette et Tain se trouve une chaîne de montagnes granitiques de moyenne hauteur, dont un versant, exposé à l'ouest, est cultivé et complanté en vigne sur les points les plus accessibles. Cette chaîne qui suit assez régulièrement le cours du Rhône jusqu'au pic de Pierraiguille, décrit tout à coup un angle obtus, prend sa direction vers le sud-est, et vient aboutir, en face de Tain, à une autre montagne d'une nature toute différente.

Ce sont ces deux côtes qui forment les deux vignobles de l'Ermitage et ceux de Croze sur leur versant opposé, et c'est la diversité de leur sol, dont l'un est granitique et l'autre d'alluvion, qui donne à leur produit mélangé les qualités diverses par lesquelles se distingue le vin qu'on en retire.

On dirait que la nature s'est plu à doter cette côte de tous les avantages. Cet éloignement, par une courbe subite, des rives du fleuve et de l'humidité qui en est inséparable, enlève au versant méridional le seul inconvénient de cette exposition, celui des gelées tardives qui causent souvent aux coteaux voisins des pertes irréparables. Aussi il est bien rare que cette calamité atteigne les vignes de l'Ermitage qui ne redoutent guère que la coulure.

Nous avons déjà donné l'analyse du granit de cette petite montagne dans lequel sont plantées la plupart des vignes de Croze, d'Erôme, de Gervans et de Serves avec des expositions bien différentes, puisqu'une partie des vignes de Croze occupe le sommet et le revers du coteau de l'Ermitage, tandis qu'Erôme, Gervans et Serves sont placés à l'ouest. — Toutes les vignes de Croze ne sont pas complantées dans le granit; quelques collines offrent aussi des terrains d'alluvion calcaires, siliceux ou marneux, dont une partie consacrée aux cépages blancs.

Croze rouge. — On peut diviser en deux catégories les vins rouges de Croze: la première, un peu restreinte par le mélange qui en est fait par quelques propriétaires de Tain avec leur Ermitage; et la seconde, dont le produit entrera pour les deux tiers environ dans le produit total d'une année moyenne évaluée à 3870 hectolitres.

A Croze, on cuve les vins comme à Tain, jusqu'à ce que la saveur vineuse ait éteint la douceur du moût, c'est-à-dire jusqu'à ce que celui-ci se soit en très-grande partie transformé en alcool. On obtient ainsi une couleur nécessaire à l'emploi qui leur est quelquefois offert comme vins d'aide à ceux de la Bourgogne.

Par le goût, la vinosité et le parfum, ce vin se rapproche beaucoup de l'Ermitage. Il doit égaler les 3mes de ce dernier crû avec un peu plus de finesse. Aussi cette catégorie des Ermitages est-elle livrée fréquemment pour du Croze lorsque celui-ci fait défaut. Il peut être mis en bouteilles au bout de trois ans, se conserve dix à douze ans sans altération, comme les grands crûs de France, et, comme l'Ermitage, finit par devenir pelure d'oignon. Voici d'ailleurs l'appréciation qui en a été faite en 1846 par le Comité de dégustation du Congrès de Lyon: « Croze 1833. — Ce beau vin, mis dans le verre en 1833, n'a ni la finesse, ni le moelleux de l'Ermitage proprement dit; mais sa couleur est fort riche et sa saveur excellente. — Si ce n'est un frère, c'est un cousin germain assurément. »

Croze blanc. — Le vin blanc de Croze est léger, fin, très-doux, parfumé, mais il a peu de vinosité et sa couleur est très-blanche. Il conserve longtemps sa douceur et mousse assez bien pendant un an ou deux, puis il devient sec. On le vend un an ou deux après la récolte et on peut le conserver une quinzaine d'années.

La commune de Croze n'occupe pas le sommet des deux vignobles de l'Ermitage ; celui du Méal reste à la commune de Tain. Il produit, sous le nom de Chantalouette, des vins blancs qui ont plus d'une analogie avec ceux de Croze, quoique moins doux. Leur bouquet est agréable ; ils deviennent secs en vieillissant et se conservent très-bien.

Mercurol rouge. — Les terrains qui produisent les vins de Mercurol occupent une très-vaste étendue. Ils appartiennent au groupe de la *molasse* mélangée tantôt à du sable, tantôt à de l'argile, avec des cailloux impressionnés souvent en quantité considérable, comme aux Lots, ou avec des cailloux calcaires d'un assez fort volume, comme aux Châssis.

Le meilleur quartier de cette commune est celui des Lots : il est presque entièrement possédé par les propriétaires de Tain, dans les cuves desquels il va se mêler à la vendange du coteau pour former les classes secondaires. Il doit rivaliser avec le 1er crû de Croze et a une finesse et un velouté qui étonneraient bien des consommateurs qui le boivent pour de l'Ermitage d'un bon crû, et qui s'imaginent qu'il n'y a plus de bons vins dans notre région cantonale en dehors de l'Ermitage et du Croze. Sa durée égale celle de ce dernier vin, et il est particulièrement recherché pour la bouteille.

Plusieurs quartiers de cette commune se rapprochent plus ou moins du coteau des Lots par la qualité de leurs produits. Dans les années exceptionnelles, ce sont réellement de grands vins qui seraient avantageusement connus si l'on faisait quelque chose pour atteindre ce résultat. Dans les années ordinaires, c'est encore un excellent vin d'entremets, c'est-à-dire qu'il a la valeur de certains crûs inférieurs de la Bourgogne, qu'il surpasse de beaucoup pour la durée et pour la solidité.

Châssis. — La vaste plaine des Châssis, jadis inculte et pierreuse et aujourd'hui ardemment cultivée, a vu quadrupler en quelques années la valeur de son sol par les nouvelles plantations qui se poursuivent activement. Complantée dans un terrain d'alluvion sec, aride et rocailleux, renfermant parfois une assez grande quantité d'oxyde de fer, la vigne y donne des produits abondants comme dans tout sol convenable sous d'autres rapports, où elle implante ses racines pour la première fois. Le vin qu'on y récolte offre des nuances fort diverses : une certaine quantité n'est jamais qu'un excellent vin d'ordinaire, mais une partie notable produit un vin fin qui, dans les bonnes années, a de la ressemblance avec les Beaujolais par sa limpidité, sa légèreté et son bouquet.

Les premiers crûs des Châssis ou Châssis-Coteau ont beaucoup d'analogie avec les seconds crûs de la Côte de Nuits, en Bourgogne. Ils sont récoltés sur des collines dont l'exposition diffère peu de celle de l'Ermitage. Soigneusement triés et égrappés, mis dans des tonneaux neufs, ces vins sont fort recherchés, et peuvent, dans les bonnes années, affronter sur la table des gourmets des vins qui portent un nom plus sonore et plus aristocratique que le leur. Leur durée est moindre que celle des vins des Lots, mais ils sont plutôt prêts à boire. Ils se conservent sept ans environ avec toute leur vinosité, et vont ensuite en s'affaiblissant insensiblement. Dans les années exceptionnelles, leur durée se rapproche de celle des vins de Croze.

Un grand nombre de propriétaires des Châssis vendent leur vendange au commerce qui en fait un vin destiné à l'Allemagne. La vigne a peu de durée dans la plupart des quartiers des Châssis; elle n'excède guère 20 ou 25 ans de produits abondants, mais alors la moyenne du produit dépasse une pièce par cinq ares. — Les cépages blancs y sont très-peu cultivés.

Mercurol blanc. — Il en est autrement des coteaux qui se rapprochent du village de Mercurol : là se trouvent quelques bonnes cuvées de vins rouges, mais la production du vin blanc y domine par la quantité et la qualité. Les terrains qui les produisent sont une alluvion marneuse, sableuse, et renfermant une certaine quantité de manganèse. Ils sont moins pierreux et plus fertiles que le précédent.

Les vins blancs de Mercurol sont remarquables par leur finesse, leur fraîcheur et un parfum distingué et fort agréable. Dans les grandes années, c'est un vin qui, par son moelleux et sa richesse, peut aller de pair avec bon nombre de vins de cette catégorie les mieux appréciés. Il se conserve au-delà de quinze ans, sans aucune altération.

Chanos-Curson blanc. — La chaîne des collines de Mercurol se prolonge sur la commune de Chanos-Curson dont les vins rouges ne sont que de bons vins d'ordinaire. Le sol des vignes de cette commune est de la molasse qui forme une ligne de démarcation assez tranchée qui le sépare de la division géologique formée au midi par des terrains diluviens.

Le vin blanc de Chanos est aussi doux que le Mercurol, mais il est plus maigre et son parfum moins riche et moins développé. Il mousse assez bien dans les deux ou trois premières années et ne dure pas au-delà de cinq ans. Souvent il se vend en nouveau comme vin doux ; lorsqu'il ne trouve pas cet emploi, il est demandé dans les deux ans qui suivent la récolte.

Gervans. — Nous avons dit que les vignes de Gervans et d'Erôme étaient établies sur la chaîne granitique qui longe le Rhône au nord de Tain. Une partie de ces vignes est complantée dans un terrain d'alluvion calcaire, graveleux ; le reste sur les débris des rochers de la montagne.

Le Gervans rouge est un bon vin d'entremets, couvert, d'une vinosité fort convenable dans les bonnes années où il ne laisse pas d'avoir quelque parfum. Il est recherché pour les coupages, et, comme tous les vins du canton, s'améliore beaucoup par les voyages, épreuves si funestes à tant d'autres vins. Il se conserve bien et sa durée égale presque celle des vins de Croze.

Les vins de la section d'Erôme sont de jolis vins d'une belle couleur. Depuis quelques années on les a fort améliorés par l'adoption des procédés que nous avons décrits et que suivent aujourd'hui la plupart des propriétaires.

Serves. — Les vins de cette commune, comme ceux d'Erome, mais plus que ceux-ci, ont eu longtemps la réputation d'avoir le goût de terroir. Depuis quelques années, les propriétaires se sont mis à trier et égrapper la vendange, d'après nos procédés, et la qualité du vin s'en est beaucoup améliorée. On ne retrouve plus de goût de terroir que dans le vin des propriétaires qui persistent dans les vieux errements. Ces vins se rapprochent beaucoup de ceux de Gervans, dont ils rappellent les qualités, mais à un moindre degré.

Larnage. — La surface de la commune de Larnage est très-inégale; il en résulte des expositions dans les directions les plus opposées. Son sol appartient à la catégorie des terrains quaternaires. Il présente sur un grand nombre de points un conglomérat à noyaux fort inégaux, à ciment quartzeux d'une grande dureté. Il n'est pas rare de trouver des couches de marne assez dure dans le poudingue qui constitue ce sous-sol; ailleurs celui-ci est formé de dépôts arénacés. La plupart du temps, la couche arable qui les recouvre est suffisante à l'exploitation, mais quelquefois on est obligé de conquérir sur eux l'excédant de profondeur qui manque pour les plantations; il faut alors employer les coins et parfois la mine.

Les vignobles de la commune de Larnage donnent des produits fort divers par la qualité. Une des meilleures expositions est celle du *Château*, qui produit un vin qui se rapproche beaucoup de celui de Croze. Quelques collines bien situées fournissent même un appoint à quelques cuvées de l'Ermitage des catégories moyennes.

Le vin blanc, récolté en assez grande quantité, fermente assez longtemps, mais ne mousse pas naturellement. Il est blanc, un peu maigre, pétillant, devient sec au bout de deux ans, se conserve fort longtemps, et en vieux imite bien le Madère. Il ne réussit pas mal comme vin mousseux, mais il casse beaucoup et sa mousse est un peu grossière. Il serait facile de l'améliorer en laissant un peu plus dominer les roussannes.

La Roche de Glun. — Les vignes de la Roche de Glun s'étendent du plateau des Châssis jusqu'à la rive gauche du Rhône. Le sol est aussi une alluvion caillouteuse, dépôt de la période actuelle.

Par les soins intelligents qui lui ont été donnés, le vin de St-Georges est devenu l'un des meilleurs de cette commune. On est parvenu ainsi à annihiler à peu près le goût de terroir qui le caractérisait, et, dans les grandes années, le St-Georges, appelé parfois Ermitage-St-Georges, devient en vieillissant un vin fin, d'une délicatesse et d'un parfum fort agréables. Les autres vins de cette commune se rapprochent beaucoup du Châssis. Ce sont de bons vins de table, d'une bonne conservation, et, dans les grandes années, ce sont des vins plus ou moins élégants selon les procédés qu'on leur applique. Le coteau des Saviaux est la meilleure exposition.

Beaumont-Monteux. — Les vins de cette commune sont fort négligés, et le produit par suite en est assez médiocre. Comme aux environs de Romans, à peine est-on en pleine véraison, que l'on est déjà étourdi du bruit des vases vinaires dont l'écho retentit tristement à l'Ermitage, où le raisin, plus mûr déjà que ne peut l'être celui de ces plaines inclémentes, réclame une maturité encore plus parfaite. On n'y ferait pas le plus petit sacrifice à la qualité, et cependant le sol est à peu près semblable à celui de la Roche, c'est-à-dire qu'il est une alluvion moderne sèche et caillouteuse susceptible de meilleurs produits.

Les vins de Veannes et de Chantemerle sont des vins généralement inférieurs; dans quelques parties seulement, ces communes donnent un vin fort passable dû aux procédés employés par un petit nombre de propriétaires intelligents.

Tous les vins secondaires du canton qui se trouvent entre les mains du propriétaire jaloux d'améliorer ce produit, lui ont acquis, depuis un certain nombre d'années, une perfection inconnue jusqu'ici, en les traitant comme les Ermitages et particulièrement en leur ôtant la grappe, en les soutirant et ouillant à propos. Ce résultat indique ce que l'on peut obtenir ailleurs par l'effet substitué à la négation en principe.

§ 2. — Des prix des vins du canton de Tain.

Le prix des Ermitage, comme celui de tous les grands vins, varie selon l'année, c'est-à-dire la qualité, la manière dont le propriétaire a fait le vin, et sa réussite. Avec les mêmes procédés, les mêmes soins, les mêmes vignes, on n'obtiendrait pas toujours le même résultat sur deux récoltes, en supposant qu'elles renfermassent en elles tout ce qui pourrait produire la plus parfaite identité.

Il peut donc arriver parfois qu'une cuvée, ordinairement inférieure à une autre, soit accidentellement supérieure à cette dernière, sans qu'il y ait toujours possibilité de déterminer à quel incident, à quel oubli, à quelle négligence imperceptible, je dirais presque à quel hasard, il faut l'attribuer. De là, l'écueil d'une classification qui ne sera jamais mathématiquement rigoureuse comme mérite et comme base de prix.

Le prix du vin dépend encore de son âge; il dépend de plusieurs circonstances commerciales, politiques même, et de l'abondance ou de la rareté de la production. De là, la difficulté de l'indiquer ici d'une manière utile et précise. — Une publication périodique seule, renseignée tous les ans par un syndicat de propriétaires, ou par une cote arrêtée en commun par MM. les négociants, pourrait tenir la consommation au courant de ces variations forcées. Notre travail, à nous, ne peut avoir pour base que la valeur actuelle des différents vins du canton de Tain.

Cavoleau est tombé dans l'écueil que nous signalons, en établissant le prix maximum du 1er crû d'Ermitage de très-bonne récolte, à fr. 550 la pièce de 210 litres, dans un ouvrage auquel l'Institut a délivré, en 1827, le prix de statistique. Cette erreur nous paraît d'autant plus inexplicable, qu'en 1823 le prix des 1818, 1819 et 1822 atteignait 600 fr., et que les 1825 se sont vendus jusqu'à 900 fr. la pièce, en nouveau, avec grosse lie et chez le propriétaire.

Ces prix sont encore au-dessous de la valeur actuelle : la cessation des coupages de Bordeaux ne les a point empêchés de suivre la progression ascendante des autres vins et de tous les produits, par suite des circonstances que chacun connaît.

Le maximum d'une période de dix ans peut n'être plus celui de la période suivante, et Cavoleau a dû être mal renseigné pour celle qui a précédé 1827, puisque le prix maximum de 900 fr., vin et lie, en 1825, n'est pas même le prix marchand.

C'est pour nous rendre aux désirs qui nous sont manifestés, que nous abordons cette délicate question, qui ne peut être pour le consommateur qu'un simple renseignement et non une cote positive et vraie à toute époque, le prix des vins étant soumis, comme nous l'avons dit, à de continuelles variations (1).

---

(1) L'aperçu suivant est basé sur les prix du commerce des 1858 et 1859, 1860 n'étant pas encore coté et ce vin étant un produit exceptionnel par son infériorité.

Grands crûs d'Ermitage rouge (dits hors classe),	de	400	à	600 fr. l'hect.
Id. id. (1re classe)......	de	375	à	500
Id. (2e cl., Ermitage et collines adjac.),	de	325	à	400
Id. (3e cl., Erm., coll. voisines et autres),	de	225	à	300
Ermitage blanc............................	de	350	à	600
Paille vieux..............................	de	1000	à	1300
Croze rouge et blanc......................	de	175	à	250
Mercurol rouge et blanc...................	de	115	à	165
Larnage...................................	de	100	à	150
Gervans...................................	de	80	à	100
Curson blanc (Chanos-Curson)..............	de	75	à	140
Châssis-Coteau (Mercurol).................	de	110	à	155
Id. plaine (id.)	de	65	à	80
Id. Saviaux (La Roche-de-Glun)...........	de	75	à	140
Clos St-Georges (id.)	de	125	à	175

On sait qu'en bouteilles le prix des vins augmente des frais divers de casse, de main-d'œuvre, etc., etc., et en raison de l'âge du vin, de sa rareté et de beaucoup d'autres circonstances commerciales.

Un crû secondaire d'Ermitage et d'une année faible peut fournir des vins à 2 fr. Dans les années hors ligne, les grands crûs peuvent atteindre, en très-vieux, les prix des grandes cuvées de Bordeaux. Des 1847 de cette catégorie se vendent aujourd'hui 16 fr. la bouteille. Le prix normal des bons vins vieux est actuellement de fr. 3,50 à 6 fr.

Le prix des Croze peut varier entre 1,75 et 3 fr.: les autres vins du canton, ceux de Larnage et de Mercurol surtout, peuvent se rapprocher de ces derniers par le prix, comme ils s'en rapprochent par la qualité.

Dans les années inférieures, ces vins ne sont que des bons vins d'ordinaire, et les Ermitage, dans les mêmes circonstances, peuvent perdre les deux tiers des prix indiqués, tout comme aussi, nous ne saurions trop le répéter, déchoir avec une qualité incontestée, selon les circonstances qui déterminent les ventes.

Le sort de bon nombre d'années hors ligne témoigne en faveur de cette dernière assertion. Ainsi, les 1834 et les 1847 ne se sont pas vendus en raison de leur qualité supérieure. Il est vrai que les premiers ont été méconnus dès le principe, relégués même parmi les vins inférieurs, quoique plus tard ils se soient classés en première ligne. — Moins appréciés d'abord qu'ils ne méritaient, les 1847 ont eu aussi un autre tort, celui d'apparaître à peu de distance de la révolution de 1848.

Enfin, pour donner une idée de la manière dont les vins des vignobles secondaires peuvent, dans ces années exceptionnelles, reproduire le cachet des grands vins, nous devons dire qu'ils sont alors supérieurs à celui du coteau même de l'Ermitage d'année médiocre. Ainsi, tel crû de Châssis de 1847 que nous pourrions citer, aura toujours une supériorité marquée sur un très-grand nombre d'années inférieures des meilleures cuvées. Ce renseignement, précieux aux consommateurs qui ne veulent ou ne peuvent aborder les grands prix des premiers crûs de l'Ermitage, en guide depuis longtemps un grand nombre pour leur approvisionnement: peu connu au loin, il était bon peut-être de le livrer à la publicité.

IX. — De l'oïdium dans le canton de Tain.

Les effets de l'oïdium sur la Syra du coteau de l'Ermitage ont été si peu ostensibles, que l'on a pu prétendre, avec quelque apparence de raison, qu'il n'y avait jamais existé. Aucune trace cryptogamique sur le fruit, rarement et sur certains points seulement quelques taches rougeâtres et irrégulières sur le pampre, fort peu de feuilles atteintes de la végétation grisâtre, visqueuse et nauséabonde qui recouvrait, dans la plaine, les cépages communs.

Les cépages blancs ont porté des signes de maladie mieux caractérisés. La roussane particulièrement a souffert dans quelques expositions de Rocoule et des Murets. Son effet a été d'en amoindrir le produit, et plus encore, en diminuant chaque année l'élongation des pampres, de les rabougrir souvent, au point de nécessiter un effondrage.

Uni aux autres causes perturbatrices qui ont régné assez régulièrement, depuis 1850, sur la végétation, l'oïdium a eu ici une part peu apparente mais réelle dans cette dégénérescence et cet affaiblissement des organes de la vigne, dont le plus grave effet a été, jusqu'en 1858, une coulure régulière dans des proportions jusqu'alors inconnues.

Il a été le plus souvent précédé, secondé peut-être, par les gelées tardives ou les contre-temps qui, en refoulant la sève des jeunes pampres, en altèrent les tissus, les jaunissent, les étiolent pour ainsi dire, les recourbent privés d'aliments, et les prédisposent, par une longue souffrance, aux coups non moins terribles de cet autre fléau que nous envoie le soleil à travers la rosée pendant la floraison.

Bon nombre de plantations en cépages communs ont disparu de la plaine dans tout le canton : les cépages fins ont mieux résisté, mais ils n'ont pas été partout aussi à l'abri qu'à l'Ermitage de cette épidémie qui semblait devenir endémique. C'est ainsi que les communes de Veaunes et de Chantemerle ont perdu la moitié de leurs vignes complantées en petite Syra. Les terrains granitiques sont ceux qui paraissent avoir le mieux résisté à ses effets. Le sol des Châssis, le plus pierreux, le plus aride de tous, a vu périr la presque totalité de ses bas-plants et une partie notable de sa récolte dans certains quartiers. — Un sol gras et humide, d'environ 20 ares, particulièrement exposé à nos observations, a offert cette alternative : en 1857, récolte nulle, — en 1858, 15 hectolitres, — en 1859, récolte presque nulle, et en 1860, 9 hectolitres. — Ce coin de vigne, ne craignant pas la coulure, n'a perdu sa récolte que par les effets de l'oïdium, qui, avant 1858, nous avait à peu près dispensés de vendanger pendant cinq ans. Jamais aucun remède n'a été tenté sur ce point ; la vigne y a toujours été fort vigoureuse : aujourd'hui elle semble se remettre par l'action seule du temps. — Les pampres de quelques souches malades avaient été coupés à 1^{m} ou $1^{m},50$ au-dessus du pied, comme expérience : la marche de la maladie a présenté sur elles les mêmes phases et les mêmes caractères que sur les autres, et tous ces faits, dont nous ne savons que conclure, nous semblent bien capables de dérouter quelque temps la science, qui jusqu'ici ne nous paraît pas avoir conclu plus positivement et surtout plus efficacement que nous.

Comme traitement préventif, on a pratiqué le soufrage sur un petit nombre de vignes blanches qui offraient des traces caractéristiques de la maladie. On a soufré à toutes les époques prescrites, mais nous avons vu de nos propres yeux les fruits les mieux saupoudrés de soufre, sur un sol presque aussi largement saturé, dévoiler leurs pépins au fond de larges fissures à bords ligneux, sous un feuillage dont l'odeur transpirait à travers celle du soufre. Des vignes voisines, non soufrées, offraient le même spectacle de raisins sains et bien nourris à côté de grappes malades et desséchées. Nous avons soufré la moitié la plus exposée à l'oïdium d'une vigne blanche sur la commune de Larnage. Observant avec les vignerons, le soufre nous a paru donner de la vigueur à la végétation, et au feuillage une teinte d'un vert plus foncé : la portion non soufrée a continué à être la plus saine et la plus productive; elle a produit 5 bennes contre 1 $^1/_2$ récoltée dans la partie soufrée.

Le triage minutieux qui se fait toujours à la vigne a soigneusement rejeté les grappes malsaines; le vin ne s'est pas trop ressenti des effets de la moisissure; peut-être n'en a-t-il pas toujours été de même de ceux du soufrage.

Tant qu'on n'aura pas trouvé un remède au goût de soufre plus efficace que le temps et une série de soutirages qui ne font souvent que l'affaiblir, le remède sera pire que le mal pour un vin de luxe, qui cesse d'appartenir à cette catégorie dès l'instant qu'il n'est pas franc de goût. Transformer un tel produit en marchandise commune, quand la valeur du sol et les frais qu'il représente sont considérables, ne peut être une solution acceptable. Elle n'empêcherait pas ce genre de propriété de courir rapidement à sa ruine. Espérons donc que la science n'a pas dit son dernier mot, et surtout que la main qui a envoyé ce fléau sur la terre, où elle tend à le restreindre chaque année, saura lui assigner un terme dans un temps très-prochain.

X. — Tableau des époques de l'ouverture du ban des vendanges à l'Ermitage, Croze, Mercurol, etc., depuis 1830.

La moyenne du temps qui s'écoule entre la floraison de la vigne et la vendange est de 97 jours.

L'époque de la vendange peut fournir quelques indications sur la qualité du vin, sur laquelle souvent on n'est fixé que fort tard. La récolte de tous les grands vins, dit M. Sauzey, président provisoire du 5e congrès des vignerons français, a constamment précédé l'équinoxe d'automne. Cette opinion nous paraît un peu trop absolue. Les chiffres du tableau suivant la combattent, ainsi qu'on va le voir : la cueillette de nos meilleures récoltes coïncide en effet fréquemment avec l'époque fatale, elle lui est même quelquefois postérieure.

Pour servir à ces observations, quelques ouvrages œnologiques donnent un tableau des dates précises des vendanges des vignobles dont ils s'occupent pendant un certain nombre d'années. Un semblable tableau fourni pour l'Ermitage peut au moins faire connaître le nombre d'années bonnes, médiocres ou mauvaises, et de quantité abondante, moyenne ou minime.

Nous devons cependant faire observer que l'irruption de l'oïdium pendant la période de 30 ans que comprend le tableau ci-dessous, a contribué, quoique peu ostensiblement, à diminuer la moyenne en quantité, et à altérer la qualité en 1851, 52 et 53.

ANNÉES.	BAN des vendanges.	QUANTITÉ.	TEMPS PENDANT LA CUEILLETTE.	QUALITÉ.	TEMPS PENDANT L'ÉTÉ.	OBSERVATIONS MÉTÉOROLOGIQUES.
1830	23 sept.	moyenne	beau	bonne	très-chaud	
1831	26 id.	petite	id.	assez bonne	id.	
1832	8 oct.	4/5 de récolte	pluie fine les 7 et 10 octobre	bonne	tr.-beau et chaud.	
1833	30 sept.	très-abondante	beau	vin dur	beau, sec	
1834	16 id.	moyenne	superbe	parfait	chaud	gr. pluie fin août; septembre sec et chaud.
1835	6 oct.	4/5 de récolte	pluie	faible	pluvieux	chaleurs fort médiocres.
1836	4 id.	abondante	beau	bonne	beau	été régulier.
1837	9 id.	très-abondante	id.	assez bonne	id.	
1838	6 id.	3/5 de récolte	id.	bonne	id.	grêle 2 fois le 11, 1 fois le 9 et 1 fois le 17 mai.
1839	27 sept.	petite	passable	médiocre	passable	
1840	24 id.	bonne moyenne	beau	marchande	beau	temps régulier.
1841	27 id.	abondante	id.	bonne	id.	été froid, sec, mais chaud en septembre.
1842	22 id.	id.	pluvieux	très-bonne	chaud et sec	pluies en septembre.
1843	10 oct.	3/5 de récolte	id.	inférieure	humide	été froid et pluvieux.
1844	23 sept.	1/4 de récolte	id.	marchande	chaud	été sec du 6 juill. au 26 août; sept. pluvieux.
1845	2 oct.	abondante	1res vendang., belles; 2mes, pluvieuses.	médiocre	pluvieux	été froid; saison tardive.
1846	15 sept.	id.	grande chaleur	bonne	chaud	chaleur constante; saison hât.; pluie fin août.
1847	29 id.	4/5	très-sec	tr.-supérieure.	id.	été sec; saison tardive.
1848	27 id.	abondante	humide	bonne	passable	végétation tardive; ni chaud ni froid.
1849	25 id.	assez abondante	1ers jours secs, chauds; à la fin, pluie.	id.	assez beau.	ni trop sec, ni trop humide.
1850	7 oct.	abondante	3 jours chauds, 3 jours frais	id.	passable	peu de jours chauds; saison tardive.
1851	8 id.	2/3 de récolte	pluie, froid	mauvaise	un peu froid	temps mauvais et humide.
1852	27 sept.	1/3; 1/5 sur quelques points.	pluvieux, grêlons	très-médiocre	frais	pluies continuelles pend. la fleur; été humide en août et au commencement de septembre.
1853	8 oct.	1/3 de récolte	1ers jours beaux; 2mes, pl. battante	mauvaise	id.	hum. en juin, juill.; peu chaud en août et sept.
1854	26 sept.	très-petite	grande chaleur	très-bonne	sécheresse, choléra	hiver tr.-doux; mars tr.-froid; pl. contin. en juin et juill.; pas une goutte d'eau en août et sept.
1855	1 oct.	1/3 de récolte	1ers jours, soleil; 2mes, pluie	faible	très-variable	hiver rig.; gelées tard.; été tantôt sec tantôt hum.
1856	30 sept.	id.	du 29 au 30, tempête; brouillards	passable	irrégulier	printemps pluvieux; inondations.
1857	23 id.	id.	mois superbe	bonne	chaleur extrême	grêle 10 sept. aux Murets, Lots, Châssis; 2 vend.
1858	21 id.	abondante	beau	id.	id.	2 comètes; avril froid; août et juill. tr.-secs.
1859	26 id.	1/3 de récolte	assez beau	supérieure	id.	gr. sécheresse; pluie 10 jours avant vendanges.
1860	2 oct.	2/3 de récolte	pluie; beau le 3	mauvaise	très-pluvieux	hiver rigoureux; été peu chaud.

La vendange aux Châssis précède celle des Lots, des Grapias, des Malfondières, etc., d'environ trois jours; elle s'effectue ordinairement dans ces derniers mas deux jours avant l'ouverture du ban à l'Ermitage. Croze et Gervans viennent ensuite, pendant que l'on termine à Tain.

XI. — Contenance totale des vignes complantées en Syra dans la circonscription cantonale de Tain.

Les relevés que nous attribuons ici à chaque commune pour la contenance des vignes complantées en cépages fins blancs ou rouges, ont été faits sur la matrice cadastrale. La qualité de leur produit est fort variée : il comprend depuis les premiers crûs d'Ermitage jusqu'à des vins qui sont livrés comme grands ordinaires, mais qui sont susceptibles d'une certaine amélioration, bon nombre de propriétaires n'apportant pas encore à ce produit tout le soin qu'il mérite.

Pour approcher autant que possible du chiffre actuel de la production sans l'exagérer, nous négligerons le contingent des communes de Veannes et de Chantemerle, dont une partie des vignes, qui d'ailleurs sont les plus inférieures, ont été arrachées. D'un autre côté, nous estimerons par approximation les plantations considérables qui ont été faites tant aux Châssis que sur les autres communes depuis la confection du cadastre, en ayant soin de nous tenir endessous de la réalité.

Communes de	hect.	ares.	cent.	Produit par hectare.	Hectolitres.
Tain.............	144	83	14	(Voir page 8)........	3,739
Croze.............	129	00	00	à 30 hectol. par hect.	3,870
Larnage..........	103	30	00	id...........	3,099
Chanos-Curson.....	20	00	00	id...........	600
Erôme............	190	00	00	à 25 hectol. par hect.	4,750
Roche-de-Glun.....	200	00	00	à 30 hectol. par hect.	6,000
Mercurol..........	180	00	00	à 35 hectol. par hect.	6,300
Beaumont-Monteux.	89	61	57	id...........	2,240
Serves	60	00	00	à 25 hectol. par hect.	1,500
Défrichements	200	00	00	à 40 hectol. par hect.	8,000
	1,316	74	71		40,098

Si au chiffre de 40,098 hectol. on ajoutait le produit des cépages inférieurs, on aurait le produit total des vins du canton dans une année moyenne.

TABLE DES MATIÈRES.

www.ingramcontent.com/pod-product-compliance
Lightning Source LLC
LaVergne TN
LVHW011956160826
845678LV00002B/574

* 9 7 8 2 3 2 9 6 8 4 3 5 2 *